青少年零基础创新设计与实践丛书

SHOUJI APP BIANCHENG JI YINGYONG

手机App编程及应用

主　编　龙兴明
副主编　陈　俊　周　静

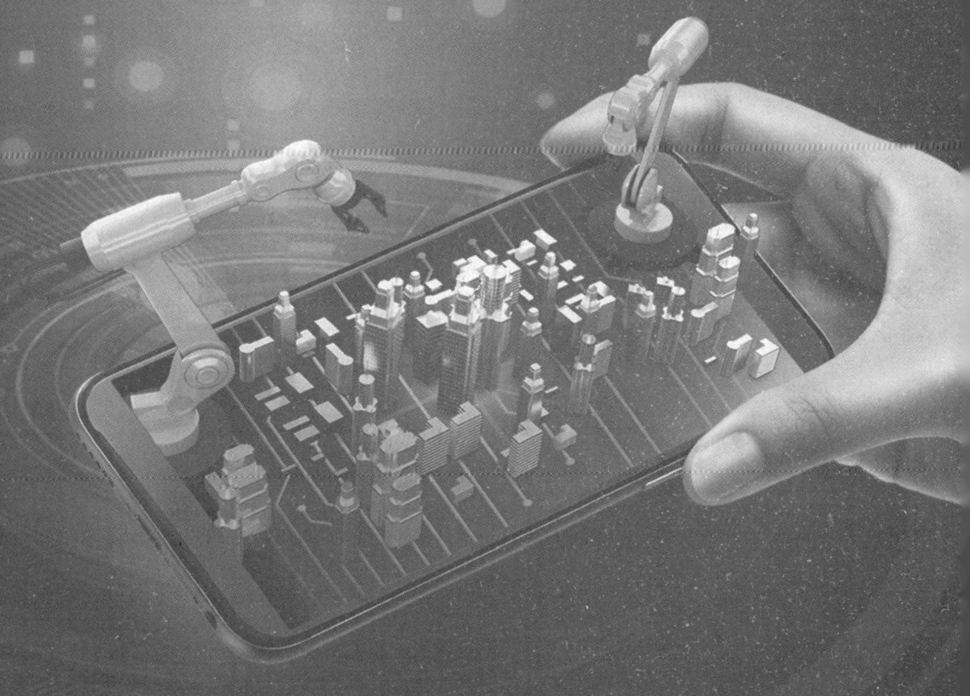

重庆大学出版社

内容提要

本书以 App Inventor 为编程环境，以 Android 系统智能手机内置和外扩的力、热、声、光、电、磁传感器为硬件设备，借助图形化编程软件，将物理学的基本概念和规律融入综合实践项目中。项目内容来源于具体生活，具有较强的趣味性；项目设计按照探究学习过程循序渐进地展开，具有很好的可行性和实践性。通过凝练物理学科概念，创设真实生活情境，亲历科技创新实践，逐步培养学生的物理核心素养，使科学探究深入人心。

本书共分为 7 章，主要涵盖以下内容：物理教学与手机 App 技术、手机 App 编程的环境与基础、传感器数据的采集编程、手机内置传感器的力学应用、手机内置传感器的声学应用、手机内置传感器的光学应用、手机外扩传感器的电磁 / 热学应用。另外，本书还介绍了深度神经网络、单片机、蓝牙通信、外接设备的电流检测、温度采集以及电机控制等应用技术。

本书既可作为青少年综合实践的参考用书，也可作为电子信息类大专院校学生的人工智能科创实践用书。

图书在版编目（CIP）数据

手机App编程及应用 / 龙兴明主编. --重庆：重庆大学出版社，2021.6

ISBN 978-7-5689-2691-1

Ⅰ.①手…　Ⅱ.①龙…　Ⅲ.①移动电话机—应用程序—程序设计　Ⅳ.①TN929.53

中国版本图书馆CIP数据核字（2021）第082355号

青少年零基础创新设计与实践丛书

手机App编程及应用

主　编：龙兴明

副主编：陈　俊　周　静

策划编辑：鲁　黎

责任编辑：陈　力　　版式设计：鲁　黎

责任校对：谢　芳　　责任印刷：张　策

*

重庆大学出版社出版发行

出版人：饶帮华

社址：重庆市沙坪坝区大学城西路21号

邮编：401331

电话：（023）88617190　88617185（中小学）

传真：（023）88617186　88617166

网址：http://www.cqup.com.cn

邮箱：fxk@cqup.com.cn（营销中心）

全国新华书店经销

重庆市国丰印务有限责任公司印刷

*

开本：787mm×1092mm　1/16　印张：11.5　字数：282千

2021年6月第1版　2021年6月第1次印刷

ISBN 978-7-5689-2691-1　定价：48.00元

序

人工智能作为人类发展的重要科技力量，已经迅速渗透到经济、社会和文化等领域，成为各行业发展的新动力。世界对未来人才的需求正在发生深刻变化，未来教育及学习方式的变革成为新的机遇和挑战。教育如何适应智能时代的发展，已引起各界的高度关注。

未来科技发展的基石在青少年，未来教育的基础在创新实践。但是在我国中小学，科创教育却是最薄弱的环节。很多学校开设的综合实践课程都存在教育资源配置不足、师资队伍数量缺乏且跨学科教学能力弱等问题，导致课程教学流于形式，难以落地。2017 年，国务院颁布《国家教育事业发展“十三五”规划》，提出要综合利用互联网、大数据、人工智能和虚拟现实等技术探索未来教育教学新模式。为此，编者在长期的教学实践中，反复思考如何将现有人工智能成果通过教育工作者的创造，传递到青少年的学习中，从而提出了一套全新的“智能手机 + 物理学科”的综合实践体系。

强化物理学等基础学科的基础地位已上升到国家科技发展的战略层面。物理学作为人工智能的核心基础，具有显著的理论和实践特征。而智能手机作为人工智能教育的重要载体，是实施个性化和智能化教育的理想途径。因此，本书结合移动学习理论，利用智能手机的 App 编程技术，打造了一系列物理综合实践项目，从力、热、声、光、电、磁等物理学知识出发，通过内置和外扩的传感器收集实验数据，实现实验数据的可视化、智能处理与执行。并配套开发了相应的教学工具与平台，提供移动学习的方法和支持，使任何人在任何时间、任何地点，只要拥有一部智能手机，就能深度开展有趣的物理综合实践。

该书可作为中学物理教师和学生的教学参考用书，促进中学物理学科理论和实践的融合教学；也可应用于青少年人工智能综合实践活动；还可用作物理教育师范类专业本科生开设教具设计制作课程的参考用书。该书也是“人工智能 + 教育”应用的有效示范。

前言

近年来，手机 App 编程技术备受关注，它为智能手机提供了丰富多彩的应用功能，使手机超越传统的电话成为自带设备的教学娱乐工具。自从以 App Inventor 为代表的图形化手机 App 编程软件出现，零基础的青少年学生也可以快速地学习编程，轻松搭建出自己的手机 App。学生不仅可以利用手机低成本地实现自己的创意想法，更为重要的是学生可以通过实际训练，提升编程素养，提高科创技能，增强创新意识。

物理学作为一门实践性很强的学科，是天文、化学、地球、生物等自然科学学科的研究基础。本书从移动学习的角度出发，以 Android 系统智能手机为硬件基础，以 App Inventor 为软件编程平台，实现手机 App 的编程应用。学生利用图形化编程软件，通过简单的积木式拖曳操作，对智能手机进行 App 开发，研究物理现象，学习数据收集、处理以及决策执行的方法，实现物理基础知识、传感信息获取与智能手机 App 的融合应用。

本书系统地介绍了手机 App 的基本知识和基本应用、App Inventor 环境中的界面设计和逻辑设计、手机内置与外扩传感器应用，以及物理教学中的现象、理论、实践编程与实现等，是一本注重原理与应用、兼顾理论的教材。本书以物理教学中的 9 个实例、12 个案例和 4 类实践应用为驱动，目标明确、重点突出、逻辑清晰，符合青少年综合创新实践课程的教学要求。

本书倡导智能手机的可编程、分布式、多模态、多尺度教学功能。通过手机内置和外扩的传感器收集实验数据，实现数据的可视化以及处理和执行，进而完成观测物理现象的教具设计与制作，降低实验成本，为物理教学的移动学习提供方法和实践支持；为偏远地区教师了解和掌握新技术提供新途径，在项目资源、方法和课程体系方面给予支撑，放飞想象，创造新实验。

本书由重庆师范大学龙兴明教授组织编写，并提供所有设备和软件。重庆市第八中学校陈俊老师、重庆大学周静老师、重庆师范大学附属初级中学黄睿老师参与了本书内容编写及整理工作。另外，重庆师范大学陈雨杰、刘芳伶、张小玲等参与了本书实践项目的开发工作。感谢重庆市教育科学“十三五”规划课题：人工智能背景下以青少年为中心的多方协同科普推广路径探索（项目编号：2020–GX–277）、重庆市“三特”与“一流”本科专业建设项目、重庆市沙坪坝区社会科学界联合会、重庆师范大学 2019 年教材建设项目的资助。

由于编者水平有限，书中难免存在疏漏之处，恳请广大读者指正，在此表示衷心的感谢。

龙兴明
2020 年 12 月于重庆

目录

第 1 章

物理教学与手机 App 技术

教学目标：

从物理教学与信息通信技术（Information and Communication Technologics，ICT）融合视野出发，了解智能手机融入物理教学的研究现状，熟悉现有的手机应用程序（App），初步理解智能手机 App 开展物理教与学的思路和方法。

重点难点：

ICT、有效融合、移动学习。

教学内容：

①简要回顾物理学的发展历史，探索物理难教与难学的教学根源，阐述 ICT 突破教学环境的时空限制作用，表明移动学习是提升物理教学效果的必然之路。

②沿袭整合技术的教学理念，分析 ICT 提升物理教学效果的路径，梳理现有的教学 App 及其特征，学习手机 App 教学的内容和方法，提出以手机 App 为载体的移动学习融入物理教学的新挑战。

1.1 物理教学的 ICT 融合新趋势

导读：教师、学生、环境构成了教学的三个基本要素，信息通信技术尤其是智能手机，提供了教学三要素实时交互的途径，有利于弥补传统物理教学的不足，形成分布式、自主化和个性化的未来物理教学新模态。

1.1.1 物理传承与教学困境

物理学（Physics）是研究大至宇宙、小到基本粒子的一切物质的运动规律和基本结构的学科，是天文、化学、地球、生物等自然科学学科的研究基础。2019 年，诺贝尔物理学奖授予美国的詹姆斯·皮布尔斯（James Peebles，1935—　）等人，以表彰他们对宇宙在大爆炸后如何演化的天体物理学领域的理论贡献，其研究结果表明：在我们所知道的宇宙中，仅有 5% 的普通物质构成恒星、行星、卫星等，剩下的 95% 是未知的暗物质和暗能量。人类对丰富多彩、扑朔迷离的物质世界充满好奇心，产生强烈的探索世界的欲望。物理学家在大量实践中，观察自然现象，收集观测数据，整理和分析数据，进而总结和提炼出自然现象背后运行的规律和法则，更好地指导人类了解自然，与自然和谐共生。

物理学作为一门实践性知识学科，千百年来它的发展离不开实验。最早可追溯到古希腊时期的阿基米德（Archimedes，公元前 287 年—前 212 年），他在浴缸泡澡时发现了浮力定律（Law of Buoyancy），到 2012 年，瑞士日内瓦的欧洲核子研究中心发现希格斯玻色子（Higgs Boson），再到 2017 年，LIGO 科学合作组织等观测到引力波（Gravitational Wave），正是这些成千上万科技工作者前赴后继、持之以恒的实验探索，奠定了现代物理学的基础。阿基米德与皇冠、伽利略的理想实验、牛顿与苹果、爱因斯坦与光子等名人轶事不断涌现并广为流传，无不体现一批批锲而不舍的物理学家们观察、分析及解决问题的科学探索精神。今天，人类科学技术快速发展，人工智能成为引领未来的核心，其中物理学基本概念、规律及其方法的传承功不可没。

物理学科知识的传承主要靠教学。物理教学是在特定教学环境下，教师的教与学生的学的协调统一。教师、学生和环境构成教学过程的三个基本要素，其相互关系如图 1.1 所示。其中，在传统的教学过程中，往往以教师为中心，具体过程如下所述。

首先，教师发起学情分析，了解和掌握教学环境和学生情况。

其次，教师结合课程大纲与教学计划，实施教授过程。

最后，教师通过布置作业、测试和考试等教学环节，完成对学生的学习评价。

因此，传统教学的最大特征在于：教学三要素之间的作用是单向进行的，教学过程没有形成闭环系统，从而导致教学反馈不及时、反馈对教学的调整作用有限。比如，教师对学习情况的评价主要依靠回收批改作业来完成，这往往需要经历数天。显然，对于传统的物理教学过程，教师无法实时评估学生课堂学习效果，教师处于“盲教”的状态，要么花了更多的时间来阐述不必要的细节，要么无意间忽视了学生正面临的“拦路虎”，无法做到及时调整教学进度或解答疑问，这不仅降低了教学效率，更加限制了个性化的教学过程。

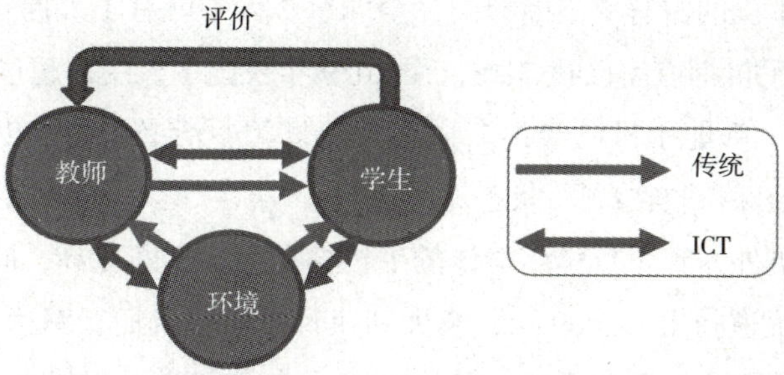

图 1.1　教学的三要素及其相互作用（传统教学过程与 ICT 融合教学过程）

1.1.2　物理教学与 ICT 融合

科学是人类的一种尝试和努力，也是人类的一种技能。前者强调科学的改善和预测功能，而后者关注科学的选择和使用能力。人类社会经历了从语言、文字、印刷术，到无线电、电视机，再到计算机网络技术等六次信息技术革命后，当前，进入了以 ICT 为基础的第七次信息技术革命新时期，云计算、物联网、大数据、人工智能为其代表性技术。人工智能（Artifical Intellgience，AI）作为模拟、延伸和拓展人的能力的一门跨专业、跨领域的新学科，由其构建的智能体具有能听、能看、能动、能学习以及会思考等特征，因此，以人工智能为引领的信息技术革命促使社会组织形式、交流方式和文化意识发生根本性变革，同时，必将影响人类知识的教与学。

过去 40 多年，ICT 与教育之间的关系日趋密切，其发展过程可以分为 3 个阶段：

第一阶段：IT 阶段，以计算机为特征的信息技术（IT） 阶段，已衍生出教学软件及连续教学课程。

第二阶段：ICT 阶段，以互联网为特征的信息通信技术阶段，已涌现出远程课程。

第三阶段：DICT 阶段，以移动、高速、智能的新媒体技术如，便携式电脑和手机等为特征的数字信息通信技术（DICT）阶段，从第一、二阶段的计算机网页学习转变为移动式学习（mobile-Learning：m-Learning）。

当前，第三阶段的移动智能终端与教学的融合，即 ICT 融合教学，受到越来越广泛的重视。在数据库如科学引文索引（Web of Science）中，检索关键词：智能手机 + 教育，2014 年的文献只有 2 篇，而 2017 年的文献就达到 449 篇。显然，智能手机为代表的 ICT 不断融入教学，有利于规避传统教学面临的困境，可以促使师生快捷、简单、方便地访问视频媒体等教学资源，实现低成本、实时的师生、生生、师生与资源之间的交流互动，还能配置个性化的教学活动。

手机或移动电话一般强调无线与位置不限定电话功能，配置有简单的应用程序（Application，App），而现阶段的手机（智能手机：Smartphone），它除了移动电话具备的无线通话功能外，还具备计算机的计算能力和通信功能，同时，强调用户可以自主安装 App，实现个性化功能配置，因此，智能手机常被称为口袋式计算机。随着网络费用以及智能手机价格的持续降低，智能手机的占有率不断提高，全球每 2 人中就有 1 人拥有自己的智能手机。在 2016 年，英国国民的手机拥有率已达 71%；而 2019 年我国手机用户超过 15.7 亿，人均拥有手机达到 1.12 部。因此，智能手机已经逐渐成为人们日常生活必备的 ICT 设备，并且全天候连接到互联网，随时随地保持“在线” 状态。

除了教师拥有手机外，青少年学生群体的手机拥有率也不断提高，同时他们具备熟练使用智能手机的技能。有报道指出：2009 年，澳大利亚青少年手机拥有率达 83%，2010 年 98% 的 14 ~ 18 岁美国学生都拥有自己的手机，甚至有高中学校的学生手机拥有率达 100%。因此，越来越多的教师和学生，随身携带智能手机，这为他们不受时间和空间限制的教与学，形成分布式、自主化和个性化的学习，提供了教学设备和资源上的准备。

智能手机作为一种广泛使用、低成本、具有移动电话功能的高性能计算机，在其内部还配置了各类物理量测量传感器，如加速度传感器、光线传感器、话筒和磁力计等，方便力、光、声、磁等物理量的捕获采集。另外，智能手机还提供了外部扩展的标准接口，如耳机插孔、蓝牙通信和 Wi-Fi 等，易于把其他外部传感器所获取的数据传输并收集到智能手机中。而且，借助物联网无线节点思想和框架，可以构建传感器节点，实现具有空间分辨的环境大数据，形成以智能手机为核心的物理实验数据获取与处理新范式——手机实验室，从而通过手机实现大众科学传播，如通过手机测量紫外（UV）辐射关注健康等。智能手机为物理教学提供了新的实验数据收集工具，如何有效地把智能手机融入教学三要素，挖掘物理教学的内涵，拓展其外延，适应 ICT 融合未来教学的大趋势，这无疑是未来物理教育的重点和难点。

1.2 物理教学的智能手机 App 新手段

导读：了解现有的手机 App 及其特征，理解量化教学效果的三个维度——内容、技能和态度，理解优化移动式学习效果的路径及其挑战，树立科学、技术、社会和环境协调发展的科学发展观。

1.2.1 物理教学与智能手机 App

“听了未必懂，懂了未必会用”，这是传统的物理类课程教学中过度偏重理论教学，淡化实验教学，而引起普遍现象。究其原因，昂贵的实验设备和维护成本，导致实验资源严重缺乏是其不可忽视的原因之一。智能手机 App 与 ICT 技术融入教学，可以缓解传统物理教学中实验资源缺乏的问题，并能有效提升交互式学习、实时多人演示、远程资源访问以及计算、可视化及建模等功能。特别是针对物理概念和过程，利用智能手机 App，可以以数据和图像的方式，洞悉其过程及变化规律，展示科学研究的魅力。例如，美国的谷歌（Google）公司推出的一款安卓（Android）操作系统 App，即 Google Science Journal，它不仅具备储存实验数据、生成数据图表等功能，同时还具备光照强度、噪声声压级等物理量的测量与分析功能。因此，智能手机 App 展现出的系统化内容设置，情境化问题引导，自主与协作相结合的活动设计，逐渐形成整合技术的学科知识（Technological Pedagogical Content Knowledge，TPACK）应用典范，使得融合手机 App 的物理学教学更得心应手。

物理教学 App 主要运行在两种手机操作系统上：Android 和 iOS，其中，前者从谷歌应用商店，后者从苹果应用程序商店中搜索和下载 App。目前，用于教学的手机 App 众多，仅免费的手机 App 多达 250 个，这些 App 具有的主要功能包括：①数据收集与记录；②传感器；③社交媒体应用；④其他工具。各功能占比如图 1.2 所示，其中传感器占 32%，数据收集与记录占比 30%。

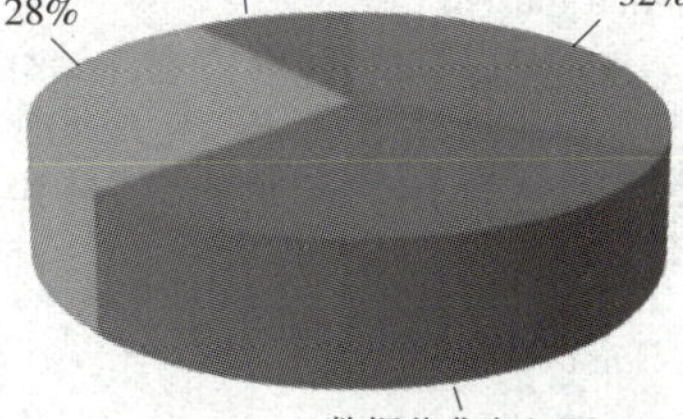

图 1.2　物理教学手机 App 的功能及其占比

从早期的传感器数据收集的物理教学 App，如 Priscilla Laws 公司开发的 Workshop Physics 程序，到用于运动物体的位置与时间测量 App，如 Robert Beichner 公司的 Video Graph 软件，再到德国亚琛工业大学推出的具有网页及手机远程数据访问能力的 Phyphox 程序，如图 1.3 所示，智能手机 App 尤其是使用了手机内置传感器的 App，提供了低成本真实实验设计的可能，为学习者搭建起日常生活与物理世界的桥梁。同时，手机 App 的传感器数据采集、视频分析、计算处理能力，突破了物理实验标准工具的性能，比如秒表和计算机采集系统，它们都需要额外配置各类传感器和专用软件，才能发挥其作用。

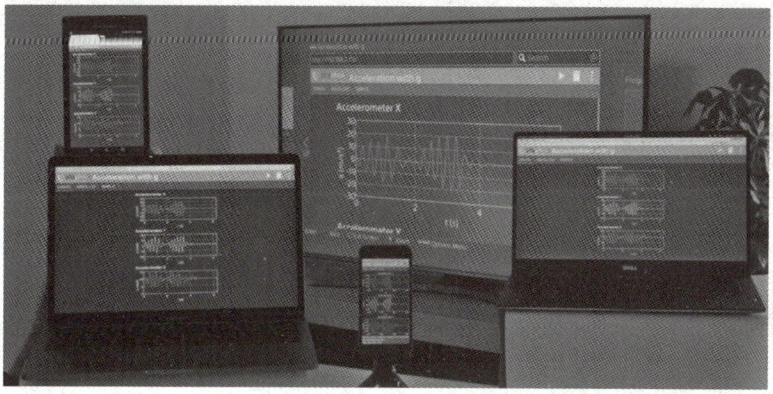

图 1.3　Phyphox 物理实验手机 App 及其远程数据访问界面

表 1.1 简单介绍了 13 个常用的物理教学手机 App，列出了 App 名称、图标、功能与相关文献、运行操作系统、费用情况、传感器及其特征和相关下载网站等。此外，还有用于波形显示的手机 App 等物理教学基本工具软件，如 SignalScope X 和 Sound Oscilloscope，以及用于斜面角度测量的工具软件，如 Compass Level 和 Surface Level。

表 1.1　13 个常用的物理教学手机 App

App 名称及图标	功　能	操作系统及费用	传感器及特征	开发者
SPARKvue	STEM 学习的数据收集、可视化和分析	Android 和 iOS，免费	蓝牙外接 80 多个 PASCO 传感器，如水质传感器	PASCO Scientific 公司
Science Journal	科学日志，储存图片和笔记注释、生成图表，同时能进行光强度、噪声等比较	Android，免费	噪声计、测声计、测光计，支持蓝牙外接套件，如 Arduino	Google 公司
Fast Burst Camera	快速连拍相机，连拍中挑选出合适的照片	Android，免费	每秒可以高速拍摄 30 张照片，低端设备每秒拍摄 5~10 张照片	Spritefish 公司
Polar Pattern Plotter	自动数据获取，极坐标下声音的可视化，CSV 文件分享	iOS，免费	话筒同步指南针、陀螺仪和加速度传感器等，音频频率上限 20 kHz	Scott Hawley 公司
Spektro：skop	高精度的声压级测量及频谱分析，声谱比较和 CSV 保存	iOS，收费 68 元	实时频谱分析，其频率范围为 20 Hz ~ 20 kHz	Andreas Wagner 公司
Audio Kit	谱分析、波形显示、声压计和信号发生器，包括正弦波、白噪声和粉红噪声	iOS，收费 18 元	FFT 最小频率分辨率为 1 Hz，频率步长 1 Hz	Sinsoid Pty Ltd 公司
Audio Tools	音频和声学分析，包括 SPL、FFT、扬声器极性测试、发生器、录音机	iOS，收费 128 元	SPL 包括 A、C 加权；生成正弦波、白噪；FFT 平滑过渡或倍频程	Andrew Smith 公司
Open Camera	便捷拍照，成像速度适中，分辨率以及 JPEG 图像质量可选择	Android，免费	在部分机型上可以支持 4 K 清晰度	Mark Harman 公司

续表

App 名称及图标	功　能	操作系统及费用	传感器及特征	开发者
Stethoscope	实时显示声波以及心音图	Android 和 iOS，免费	电缆直连避免蓝牙的配对等问题，能够编辑和标示声音	Thinklabs Medical LLC 公司
Phyphox	手机物理工坊，远程控制、实时观察，傅立叶计算，CSV 格式文件保存	Android 和 iOS，免费	加速度计、磁力计、陀螺仪、光强度计、麦克风，支持蓝牙设备	德国亚琛工业大学
Physics Toolbox Suite	收集、记录并用 CSV 文件格式导出数据，绘图、演算，产生声调、颜色和频闪光	Android，免费	手机内置传感器，包括环境光和磁力计，并且支持多传感器共同记录	Vieyra Software 公司
AndroSensor	状态监视工具，传感器实时数据	Android，免费	电池状态、位置、加速度、陀螺仪、照度计等	Fiv Asim 公司
Sensor Box	设备硬件状态监测，手机传感器的分析与图像演示	Android，免费	所有可用感应器，包括环境光等传感器	IMOBLIFE 公司

1.2.2　手机 App 教学的内容和方法

智能手机 App 不仅具有远超早期发射的月球探测器所携带计算器的处理能力，而且还具备多传感器的数据采集与保存能力。利用手机内置传感器，可构建替换日常物理教学工具的手机 App，如小车、直尺、闪光灯和测斜仪等。由手机构建的测量 App 实验工具易于获取，使用方便，能帮助教师和学生在课堂上实现基本物理量，如重力加速度的测量。同时，利用这种手机 App 实验工具，也可以方便地在室外开展物理实验，如探索城市噪声等。因此，以智能手机为中心的物理教学 App，通过构建具有感知、保存和分析数据功能的实验工具，演变出智能物理实验室，使学生能亲历实验情境，形成物理教学的新模式。

针对高中物理课标，结合智能手机 App 教学工具（以最为流行的手机物理工坊 Phyphox 为例），手机 App 所涵盖的物理教学内容如下所示。

• 力学或机械（Mechanics）：线性加速度、力测量、位置定位和单摆实验等。

• 热物理（Thermophysics）：温度监测。

• 波 / 声音（Wave/Acoustic）：语音发生器、声压计和语音谱分析等。

• 光学（Optics）：光测量、颜色检测和颜色发生器等。

• 电磁学（Electromagnetism）：磁力计、指南针。

• 流体（Fluids）：气压计。

手机 App 还涵盖大学物理中电动力学（Electrodynamics）和现代物理（Modern Physics）学的教学内容。

一般来讲，智能手机 App 还在一定程度上替换了传统的纸质教材，极大地方便学习资料的查找、下载以及验证，有力保障教学实践活动，更为重要的是，它为物理教学过程提供了以下新的功能支撑，如图 1.4 所示。

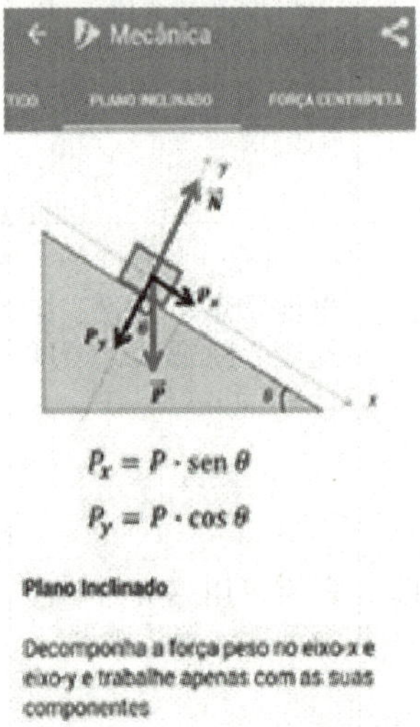

（a）Fisica ENEM 的符号释义

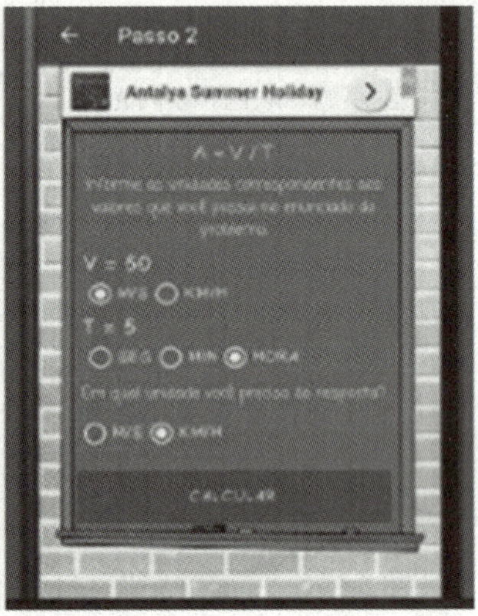

（b）Phsics Calculator 的物理量计算器

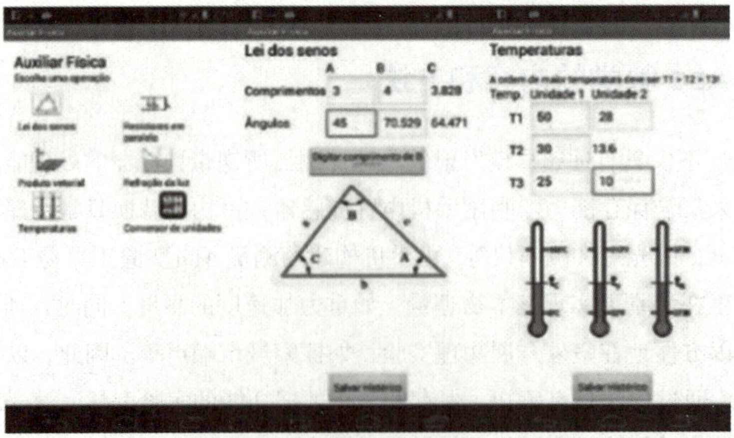

（c）Physical Auxiliary 的辅助练习

图 1.4　手机 App 的物理教学功能

• 师生互动交流：问题的分享及其互动解答。

• 教学活动：课程微视频、练习和试题下载等。

• 物理规律：公式总结、练习和计算、符号释义。

• 学习资源：物理学家传记、物理名称解释、深海深空探索应用等。

• 学习工具：单位转换器、公式可视化显示和几何光学仿真；电阻并联、温度和光反射等规律展示等。

• 教学效果评估：实时教学反馈，动态调节教学进度，同伴互助、同伴互评等。

实际上，除了上述功能各异的智能手机 App 外，零基础的物理教师和学生可以利用图形化方式的代码块编程平台（如 App Inventor）方便、快捷地自主开发实现个性化的物理教学手机 App。无论是现有的 App，还是自主研制 App，物理教学手机 App 涵盖以下 6 个关键技术，即数据可视化、场景虚拟化、传感器操控、数据管理、数据计算和多源数据融合等。

1）数据可视化

数据可视化是指把数据以数字、波形以及动画等方式显示出来的视觉表现过程。其中，物理量随时间变化的波形显示是物理教学中最常用的数据可视化方法，如图 1.5 所示，具体包括下述内容。

• 快速、实时测量：数据显示的更新速度、时间分辨率等。

• 显示坐标选择：直角坐标和极坐标。

• 显示窗口划分：单窗口或多窗口。

• 线条属性设置：点、单线条、多线条及其颜色和宽度等。

2）场景虚拟化

场景虚拟化是指对真实物理实验进行模型简化，结合图片、视频和语音等多媒体素材构建并模拟实验场景，获取物理量的时间演变数据，实现真实实验环境与虚拟模拟场景同步，最终达到模拟真实物理现象及其过程的目的。物理现象的场景虚拟化本质上是人—手机—物理现象融合的交互实验，有利于改善传统物理实验在知识性、娱乐性和趣味性方面的缺陷，如图 1.6 所示，包括下述具体任务。

• 真实物理现象建模。

• 模型动画的外部物理量关联。

• 虚拟场景的交互操作。

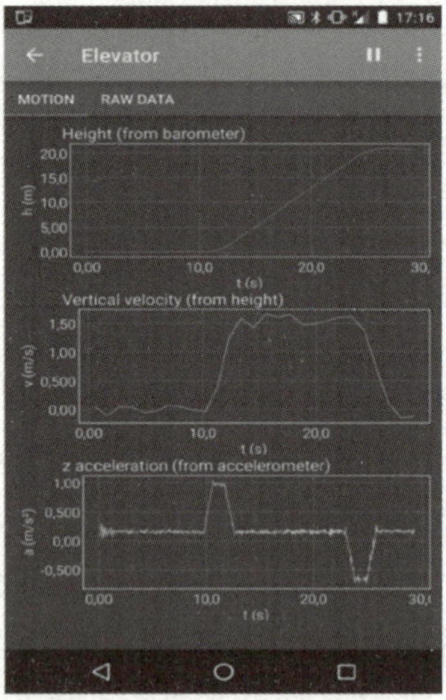

（a）Phyphox 的直角坐标下显示波形

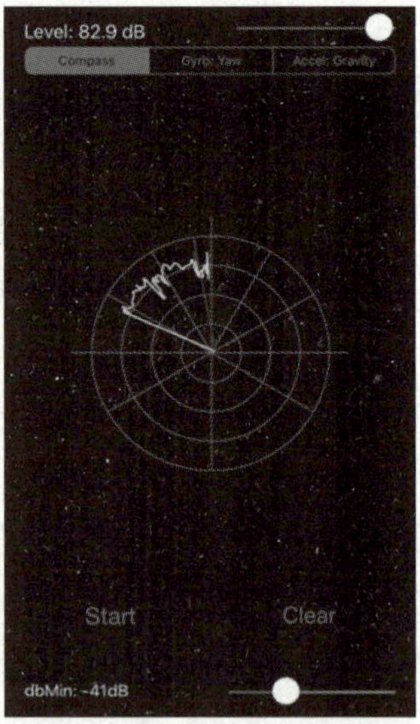

（b）Polar Pattern Plotter 的极坐标下显示波形及其同步数字显示

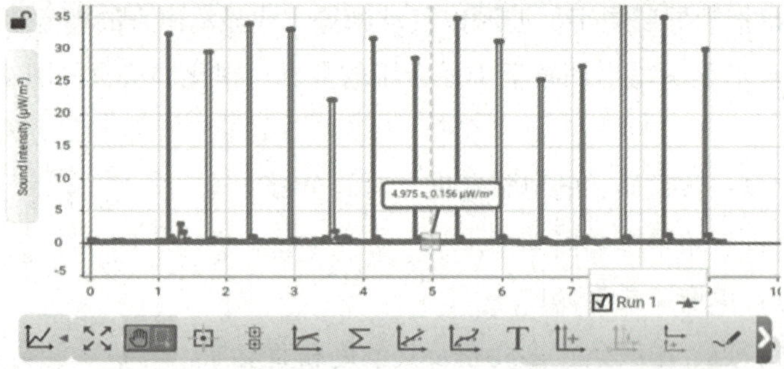

（c）SPARKvue 的具有毫秒级时间分辨率的波形显示及其操作

图 1.5　手机 App 的数据可视化

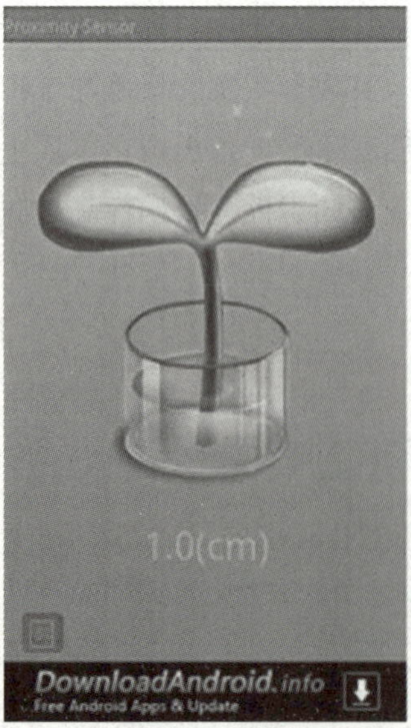

（a）Sensor Box 虚拟场景

（b）Fun Physics 卡通娱乐交互

图 1.6　手机 App 的场景虚拟化

3）传感器操控

物理现象中的力、声、光、磁等物理量可以通过直接读取手机内置的加速度、拾音器、光线和磁力计等传感器的值来获得。对于电和热等物理量测量，可以通过电到光的间接转换装置并结合手机内置的光传感器获得，还可以通过耳机插孔、Type-C、蓝牙和 Wi-Fi 等标准接口，外接采集电路获得，比如采用温敏电阻、光敏电阻、湿度电阻与普通电阻构成串联分压电路进行测量，本质上是手机外接传感器的拓展应用，如图 1.7 所示。手机内置和外扩传感器操作包括以下基本内容。

- 传感器硬件电路搭建。
- 传感器数据读取及其可视化。
- 获取数据的校正。

（a）Andriod Sensor Box 的力、光、方向等传感器数据采集界面

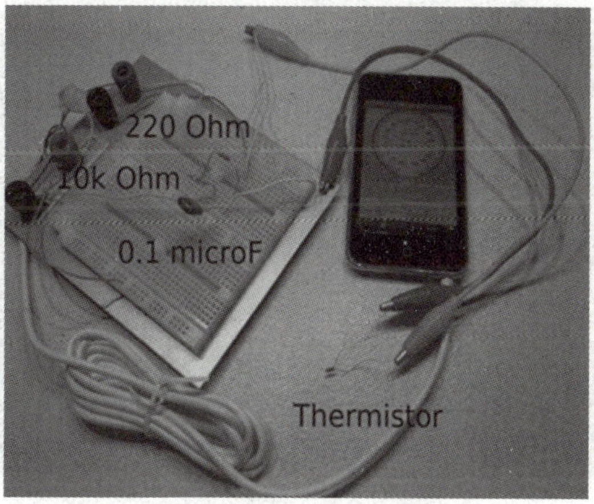

（b）耳机插孔外扩热敏电阻

图 1.7　手机 App 的传感器操控

4）数据管理

数据管理除了可以把手机内部和外扩的传感器数据输入到手机外，还可以通过手机扬声器等设备把手机内部的数据输出。比如利用手机产生物理实验所需要的标准测试信号，如正弦波、白噪声和粉红噪声等，也可利用粉红噪声构建虚拟场景，如模拟真实世界的车流声等。此外，手机采集的数据不仅可以以 CSV 文件格式保存到本地磁盘，以便导出到其他电子设备终端，还提供实时远程测量与控制控等功能，如图 1.8 所示。

5）数据计算

手机收集到的传感器数据需要进行抗干扰滤波、尺度变换、傅立叶（FFT）变换等处理，其中 FFT 分析是最常用的数据处理方法之一，它可以获得时域信号对应的频率特性，比如传感器获得的声波和光波信号是随时间变化的时域信号，通过 FFT 分析，即可轻易地得到其对应的频域表示，如图 1.9（a）所示。另外，借助外部元件也可以实现时域信号的频谱分析，如利用纸板玩具眼镜可构成低成本的光栅，结合开发的光谱分析程序，可以实现各种光源的光谱分析和比较，如图 1.9（b）所示。

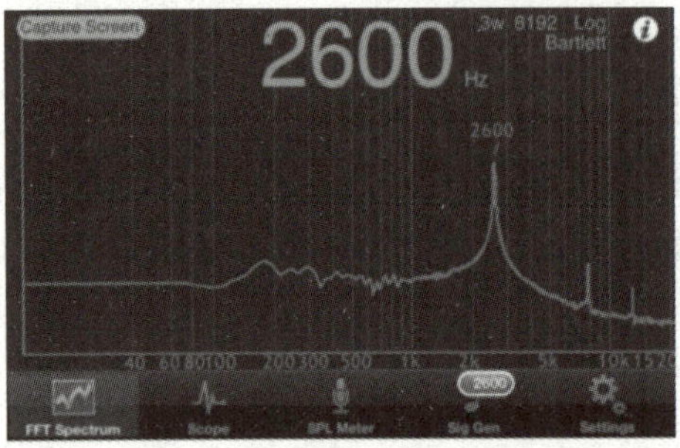

（a）Audio Kit 产生正弦波信号

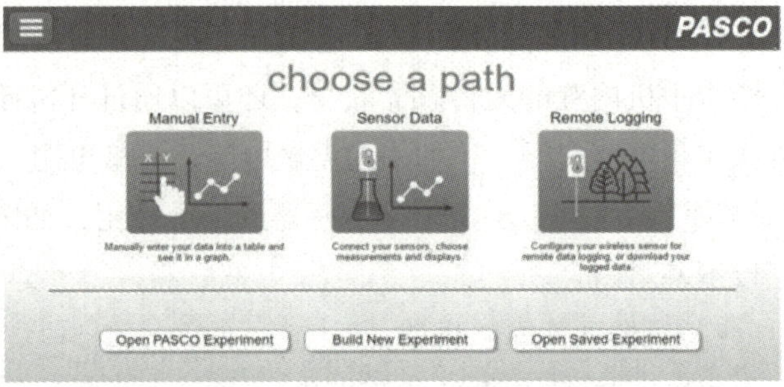

（b）PASCO 远程数据访问

图 1.8　手机 App 的数据管理

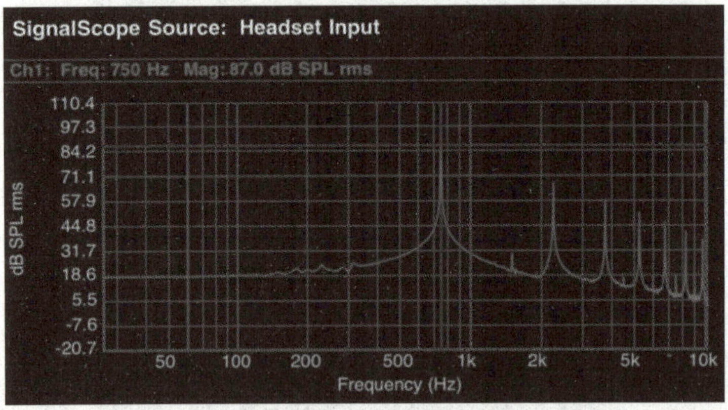

（a）Signal Scope 的频谱计算

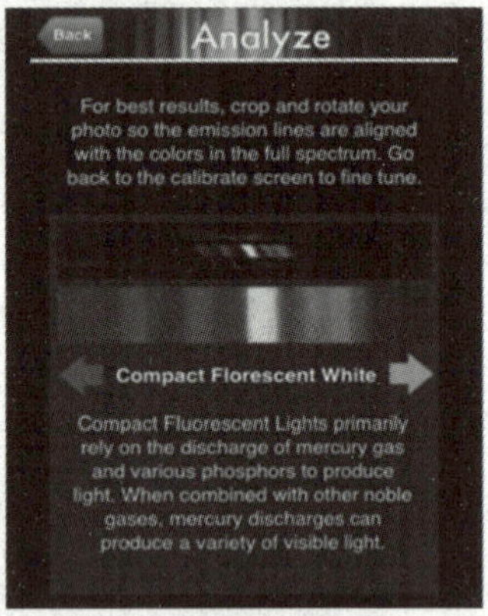

（b）荧光灯的光谱分析

图 1.9　手机 App 的数据计算

6）多源数据融合

观测物理现象时，常需要利用力、热、声、光、磁等多类型传感器进行联合测量，比如加速度 + 陀螺仪传感器用于传动能量等力学实验，光线 + 方位传感器用于光学实验，压力传感器 + GPS 应用于大气压实验等。此外，多个手机联合进行数据采集与显示也是观测物理现象的常见配置。因此，多种传感器、多种数据形成了多数据来源，综合应用，可方便地、全面地实现真实物理环境的实验探索，如图 1.10 所示。

综上，现有的或个性化开发的物理教学手机 App，通过利用内置或外扩的传感器，结合手机强大的数据处理和显示能力，为快速变化的、不可见的物理现象的观测提供了可视化的演示途径。另外，手机 App 还为无人值守、长时间数据记录的物理过程观测提供了极大便利，例如利用手机 App 观测水在不同材料制作的容器中自然冷却过程。因此，手机 App 为物理教学提供了不受时空限制的新技术手段。然而，手机 App 融入物理教学过程，教师、学生和资源三个基本要素中如何协调？怎样做到有效融合提高学习效率？这无疑需要合理的课程设计和持续的教学实践来验证和完善。

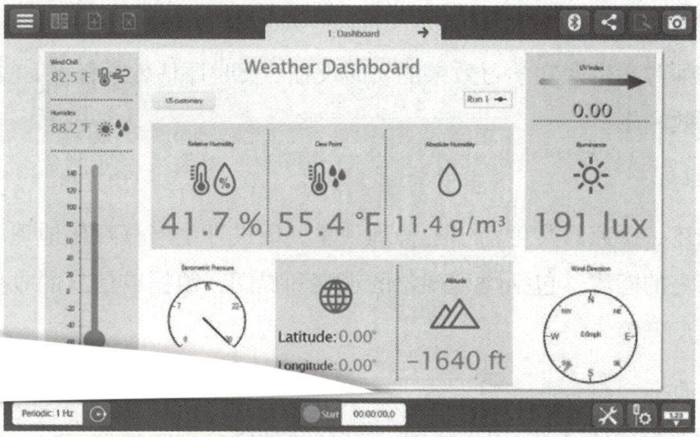

图 1.10　PASCO 的内外多个传感器的多源数据融合

1.2.3　手机 App 教学的效果与挑战

对于 21 世纪的公民而言，人才培养目标需要满足以下十大核心技能：

- 创造思维与创新（Creative Thinking and Innovation）。
- 评判思维和问题解决（Critical Thinking and Problem Solving）。
- 决策（Decision Making）。
- 自主思考（Metacognitive Thinking）。
- 交流与团队合作技巧（Communication and Collaboration Skills）。
- 信息素养（Information Literacy）。
- ICT 素养（ICT Literacy）。
- 本土与全球公民能力（Ability of Socializing both Locally and Globally）。
- 生活与职业（Life and Career）。
- 个人和社会责任（Personal and Social Responsibilities）。

手机 App 不断融入教学，如最初 Socrative 取代点击器等专用设备，近年来基于内置传感器的物理教学手机 App 备受关注。智能手机 App 融入物理教学，提供了数据收集与分析的实验工具，使物理教学方便地拓展到“逃逸速度”等真实场景下的课外教学，构建起了“手中物理”实验，逐渐形成了“自带设备”（Bring Your Own Device，BYOD）的实验新模式，为人才十大核心技能培养提供了新途径。

当前，手机 App 提升物理教学效果的作用已经初步呈现，它为教师、学生和资源教学三要素之间的相互作用提供了支持，包括从教师为中心向学生为中心，从孤立到协作，从被动到主动，从抽象到情境，从个人到团队，从单一知识学习到多维度激励，从单向关系到相互影响，为物理课程教学目标的实现提供了教学模式新选择。手机 App 对教学模式转换的作用主要体现在以下几个方面。

（1）教师方面

有利于实现教师对学生课堂学习效果的实时反馈，及时评估教学任务，实时控制教学进度，实现课堂时间的高效利用。

（2）学生方面

易于观察、描述、探究日常生活中的物理现象，促进学生潜移默化地理解科学知识、学习技能，养成科学探究的态度，包括物理现象的观察和提问，数据或信息的收集、处理和归纳，以及假设、验证或反思等。

（3）资源方面

避免了物质浪费和额外经费支出，解决了开展传统物理实验教学面临的场地、技术和经费问题，包括昂贵的专用实验设备采购和维护，设备使用技能培训以及物理实验室场所需求等。

智能手机 App 在物理教学中还显现出其他潜在作用，促使学生更方便访问在线课程资源，易于设计个性化虚拟学习环境，增强学生学习兴趣和动机，提升学生观察物理现象的能力，形成自主探究的氛围，更加适应终身学习的教育目标。

目前，手机 App 已经逐渐成为移动式学习新用途，并正在重塑物理的教与学。智能手机作为一种新的媒体实验工具，它对物理教与学的影响及其效果，备受讨论与关注。手机 App 提供了有趣的学习物理的新工具，方便开展物理实验和科学测量，减少教学成本，弥补了传统教学和 e-Learning 的不足。联合国教科文组织（UNESCO）每年定期举办的主题活动——移动学习周，倡导 ICT 移动终端如手机融入未来教育，并呼吁关注新技术融入下教与学模式的转变，包括围绕科学技能和素养强化调整课程大纲、教师教学方法转变以及学生移动式学习的适应。

教学有效性是手机 App 融入物理教学的前提，也是教学效果探索的热点问题。尽管智能手机 App 具备融合教师、学生以及教学环境等基本要素，促进教学多样性的潜能，但是教师、学生及教育管理者对手机 App 教学推广应用还存在以下阻力：

（1）思想认识差异

学生对手机充满好奇，对智能手机的使用集中在微信、QQ 等社交媒体方面，用于学习的比例只有 68.3%。老师习惯性认为学生如果通过手机进行学习，易于沉迷于游戏、分散学习注意力、成绩和产出低下，教学管理者对手机 App 教学的认可度更低。

（2）结果认知负担

手机 App 存在不可访问和不易理解等问题，它直接给出所观察物理现象的最终数据，甚至实时显示图像，教学的重心容易发生偏离而落入软件及数据分析方面，从而忽略物理实验及其规律探索过程本身，反而限制了物理知识的学习。

（3）入门技术困难

使用物理实验手机 App 的初学者存在入门技术难题等。

（4）教学方法欠缺

教师对相应的教学方法认识不足，缺少教学实例，包括适用于手机融入物理教学的案例，针对性的教学计划和教学过程设计，实时评价学生学习目标、[illegible]知过程的措施。

（5）教学资源匮乏

物理教学资源[illegible]物理公式，[illegible]前最缺乏、最应该得到重视的部分。因此[illegible]揭示物理现象的本质，避免把物理变成公[illegible]源来建立直观和数学世界的联系，这需要教师[illegible]入物理课堂的最大阻力。

（6）实验精度与误差

手机内置的加速度和角度等力学传感器的测试偏差最大约为 2%，适合物理教学实验的精度与误差要求，但是手机内置的部分传感器应用在物理实验中可能会产生更大的误差，而影响实验的开展。比如，利用手机内置的光线传感器开展光学实验，如测量玻璃的光吸收系数，不同型号手机的测量差异性高达 20%。

针对上述挑战，本书提出高效实施手机 App 物理教学的主要内容及其思路如下。

1）教学评价

评价是教学转变、优化和提升的前提，因此，评价的标准涵盖总体技术质量、活动、材料等方面及其量化指标。当前，欧洲诸国政府发起 Schoolnet 计划，开展了以手机为代表的 ICT 融入教学的评价，涉及以下内容：

• 学生的教学体验评价，包括情境化、个性化以及时空条件等。

• 实验过程评价，包括方便性、有效性和效率以及实时性。

• 教师教学内容的有效性。

• 学生的主动性和学习热情等。

2）移动学习设计

移动学习融合到教师反转课堂教学模式，探索教师的教学方法，开发各类移动学习活动，通过验证新想法，重构新知识，建立新体验，促进学生潜能开发；优化学习结果的评价方式，培养解决问题的能力，提高学习效果。

3）教学实施

• 工具理解。理解数据获取装置的原理，熟悉手机使用技巧，突破课堂集中演示困难的问题，克服实验现象的图形化结果不易关联性、不易理解的屏障。

• 工具选择。设定标准，选择合适的 App 开发工具：大多数手机 App 都具备技术构建、位置提醒、声音 / 视频表示、数字知识构建与分享机制等实验设计功能，因此重点关注如何设定标准从众多的工具中选择合适的 App 开发工具，例如费用，数据测量 / 处理和输出能力，数据采样率等。

• 丰富案例。丰富各种条件环境下的教学案例，引导学习者测量身边的物理量，比较结果的差异性，低成本的开展物理实验探索。

4）教学资源

• 丰富课程内容。现有的研究聚焦在以加速度传感器为中心的力学部分，需要进一步探索其他领域的应用和实施。

• 引入表达手段。比如把漫画特征融入手机 App，漫画具有幽默、可视化表述、方言等特征。针对热动力实验中涉及的公式、绘图、问题等，在免费开源、所见即所得电子书编辑器 Sigil 中轻松实现物理教学漫画。

智能手机作为一个可选择的物理教学平台，其物理教学的优势不在于手机本身，而在于它不仅提供零成本的实验工具，而且手机与使用者之间可以建立顺畅无阻的交互。然而，教学的正确实施不仅需要技术与通信等专门知识，同时还需要了解教学方法和学习过程，并能有机融入教学实践，培养学习动机，提高学生的参与度、专注度，并注意保护学生的学习状态的私有性等。总之，探讨如何有效地把智能手机 App 融入物理教学，通过构建学习目标，激发兴趣，实时主动参与互动实验，达到构建自己的知识体系，形成科学、技术、社会与环境协调发展的科学发展观，是手机 App 教学的难点，也是本书关注的重点。

1.3 学习与思考

导读：调查教学对象拥有智能手机的情况，安装和使用 App 物理教学的常用软件，针对身边的日常现象，进行观察、测量和分析，解释物理实验结果并给出误差分析。

任务 1：利用问卷调查方法，对特定地方，如偏远地区某些年级学生，拥有手机的数量、型号及常用功能进行调查分析，了解手机的普及率、所用操作系统以及微信、QQ 和其他教学软件等应用程序的使用情况。

要求 1：根据调查需求设计方法和工具，制作满足调查需求的调查表，给出调查数据结果及其分布图包括：手机型号—数量、App 类型—数量。

任务 2：搜索现有手机 App 程序，其中关键词包括“Physics”（物理）、“Discipline of Physics”（物理规律）等，分析总结现有物理教学手机 App 及其特征。

要求 2：参考软件工程中的系统文献映射研究执行过程，如图 1.11 所示。

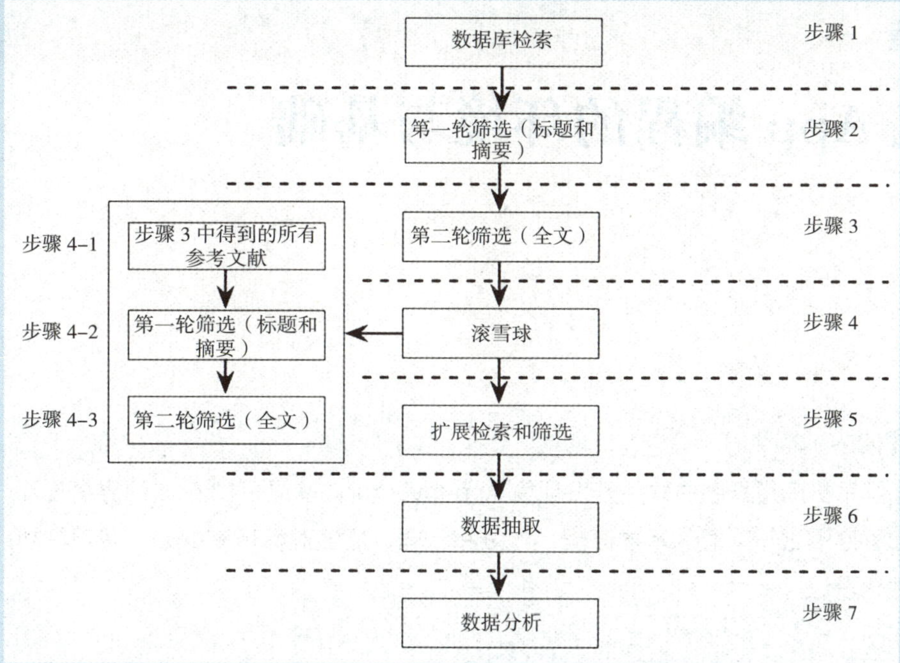

图 1.11　系统文献映射研究流程图

• 给出满足搜索条件 App 的数量，收费或免费情况，用户满意度或下载量等基本信息。

• 提供常用 App 的软件名、图标、操作平台、实验涉及的传感器以及其他特征，其中，常用软件可定义为下载量排前 20 的 App 或下载超过一定数量（如 1 万次）的 App。

任务 3：在手机上安装典型的 App 软件，对相同的任务进行传感器测量数据差异性分析，初步了解传感器的实验误差及其影响，如运行环境、手机型号等。

要求 3：至少在 3 种不同型号的手机上，安装表 1.1 所述的力、热、声、光、电和磁等手机 App，对每个物理量进行不低于 3 个实验的数据收集，并进行对比；了解不同手机型号所配置硬件的差异，并分析硬件差异导致的测量结果精度的差异；初步掌握基于手机内置设备开展实验产生的误差来源，思考解决误差的途径。

第 2 章

手机 App 编程的环境与基础

教学目标：

了解手机应用程序的软件开发环境 App Inventor，掌握手机 App 的界面设计、逻辑设计和程序调试与下载的基本原理、方法和步骤，能够对标现有 App，实现其功能并进行个性化设计。

重点难点：

开发流程、人机工程、组件属性

教学内容：

聚焦简易计算器的手机 App 开发，以启动画面、操作界面以及运算功能等 3 个分解子项目为目标，循序渐进，探索并熟悉手机 App 的开发流程。以下列实例为导向，学习手机 App 编程的基础知识。

①实例 1——世界，您好！：开发自己的第一个手机 App，熟悉 App Inventor 和 AI 伴侣软件，学会用户登录、项目创建与保存、组件的拖曳及其属性修改、APK 生成、下载与安装。

②实例 2——计算器界面：模仿简易计算器的界面，学会组件的空间布局、背景图片设置、几何结构调整和色调搭配等界面设计操作。

③实例 3——简易计算器：通过代码块拖曳，实现屏幕切换编程，完成按钮的信息输入及基本算术运算，理解逻辑设计中组件属性的传递和控制。

2.1　平台搭建之快速入门——实例 1：世界，您好！

导读： 了解 App Inventor 开发环境，体验一个最简单的手机 App 开发过程。

任务： 开发一个手机 App，程序运行后显示信息：世界，您好！

2.1.1　App Inventor 开发环境与安装步骤

App Inventor 是美国谷歌公司联合麻省理工学院（MIT）共同开发的一款图形化编程软件，符合免费、零基础手机 App 开发的需求，是安卓系统智能手机 App 开发的常用软件之一，为此，本书选择 App Inventor 作为手机 App 的编程软件。

App Inventor 开发环境包括两个部分：连接互联网络的计算机与 Android 系统的智能手机（以下简称“手机”），对应安装步骤描述如下。

计算机端操作：

①百度搜索网址，关键词为：App Inventor。

②登录（QQ 账号登录）。

③新建项目。

④拖入控件如按键（熟悉流程）。

⑤双击按键更改属性并保存。

⑥生成 APK。

⑦生成二维码。

手机端操作：

①下载软件（AI 2 伴侣）。

②扫描二维码链接（计算机上二维码）。

③下载并安装。

④安装运行。

利用 App Inventor 开发环境，设计一个自己的手机 App，基本步骤如下：

第一步，打开开发软件。在连接互联网的计算机上打开网页浏览器（推荐 Google 浏览器），登录 App Inventor 地址：app.wxbit.com，该网址是 App Inventor 在中国的服务器之一。

第二步，登录个人账号。可利用 QQ 账号快捷地进行用户登录，如图 2.1 所示。

图 2.1　登录个人账号的界面

成功登录后，App Inventor 的默认界面如图 2.2 所示。

App Inventor 的开发界面如图 2.3 所示，包括主菜单、组件面板、工作面板、组件列表和组件属性等几个区域，具体作用和功能如下。

图 2.2　App Inventor 的默认界面

图 2.3　手机 App 界面中按钮的布置

①主菜单，在开发界面的最上面区域，包括“项目”“连接”“生成 APK”和“帮助”4个可选菜单，如图 2.4 所示。a. 点击“项目”下拉菜单，可见项目管理的所有功能，包括新建项目、保存项目、复制项目、导入和导出项目（*.aia）等功能；b. 点击“连接”下拉菜单，可进行手机连接的相关操作；c.“生成 APK”下拉菜单可进行安装程序包（APK）的生成和下载，

d.“帮助”菜单提供 AI 伴侣下载和其他帮助功能，可以通过 QQ 或微信等软件的二维码扫描功能，扫描“帮助”菜单的 AI 伴侣二维码，进行 AI 伴侣的手机下载与安装，为后续手机 App 开发的 APK 下载或手机在线同步调试作准备。

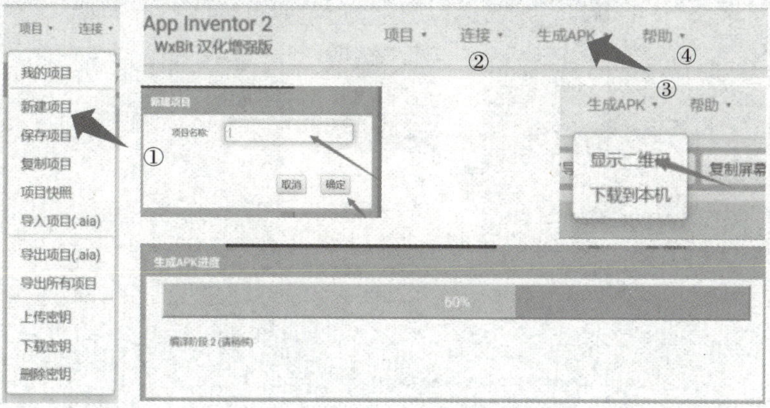

图 2.4　主菜单的新建项目和生成 APK 等功能

开发界面的主菜单之下的部分被分为 4 区域，从左到右分别为“组件面板”“工作面板”“组件列表”和“组件属性”。

②组件面板，给出了用户进行界面设计时所需的各类组件，如按钮、标签和图像框等，可通过“把组件拖曳到工作区”进行选用。

③工作面板，是手机 App 的界面设计区，即当前界面就是 App 实际运行时呈现在手机上的效果。

④组件列表和组件属性，已拖曳到工作面板的组件会以列表的方式排列在列表区域，选中某个组件时，其属性相应地在“组件属性”区域显示出来，可以在这个区域对组件的属性，比如文本内容、尺寸大小和颜色等进行设置，如图 2.3 所示。

第三步，生成第一个 App。

生成一个简单的手机 App 并下载安装，其操作过程如下。

①布置按钮。在左侧的“组件面板”中，选择“按钮”组件，并按住鼠标左键，拖曳至“工作面板”，以下称“拖曳”操作，那么手机 App 界面上就会出现一个“按钮”；然后，在右侧的“组件列表”中，选择该“按钮”组件，并在“组件属性”区域对该按钮的属性进行设置，比如在“文本”框中输入“世界，您好！”，如图 2.3 所示。

②生成程序安装包 APK。从主菜单中，选择“生成 APK”下拉菜单中的“显示二维码”，生成程序安装包（APK），并呈现如图 2.5 所示的二维码。

③ APK 下载安装。打开安装在手机上的 AI 伴侣，扫描上述二维码，使生成的 APK 下载到手机上，并按照常规的手机 APK 安装过程进行安装和运行，如图 2.6 所示。

综上，利用 App Inventor 创建了一个自己的手机 App，其开发流程总结如图 2.7 所示。

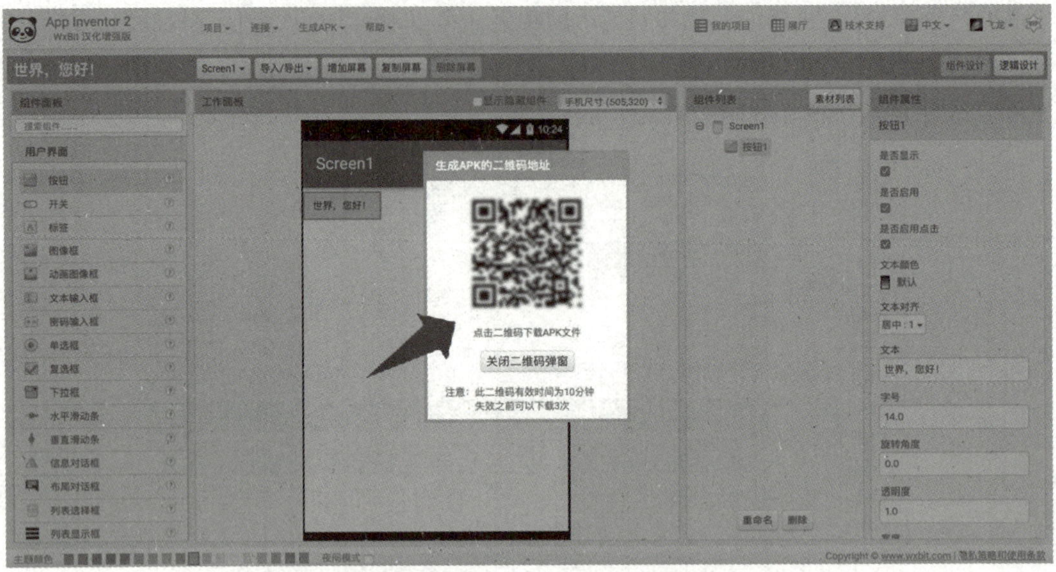

图 2.5　生成 APK 的下载二维码

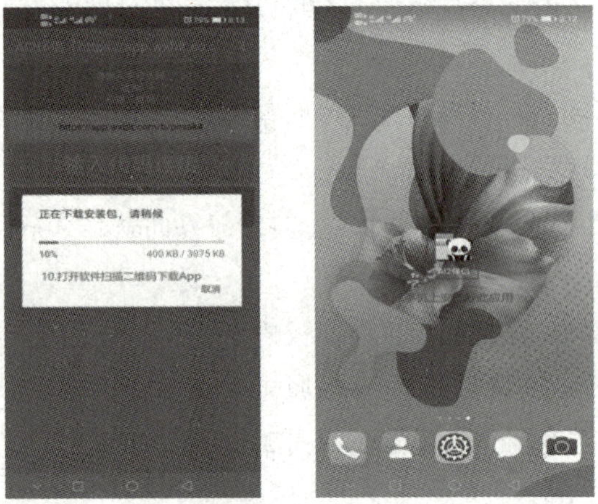

图 2.6　手机 APK 的下载安装与运行

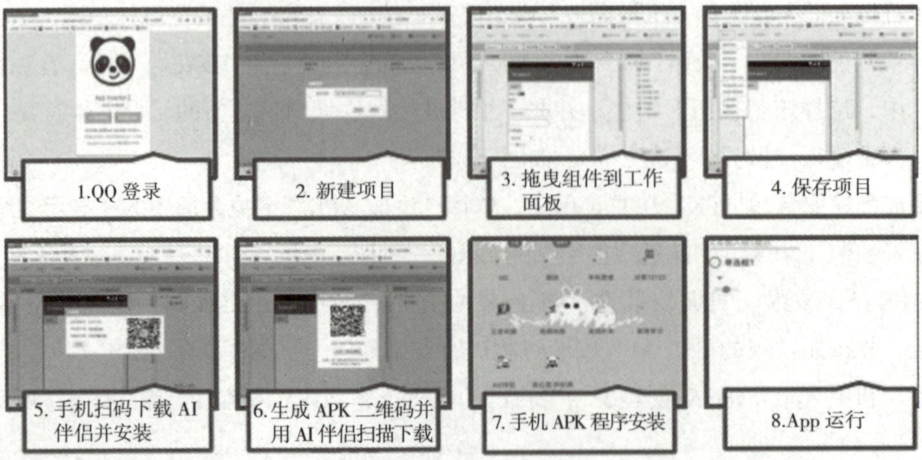

图 2.7　手机 App 的开发流程

2.1.2　计算机 App 编程的手机同步

在上一节中，通过 AI 伴侣扫描“生成 APK”的二维码来下载安装自己开发的 App，并进行功能测试。但是，该操作方法不具备实时性，无法满足 App 开发过程中对代码功能的实时测试需求，即无法实现“所见即所得”的实时测试。为此，在计算机 App 编程过程中，常常把手机与计算机进行连接，实现所开发程序的同步测试与调试，如图 2.8 所示，具体方法如下。

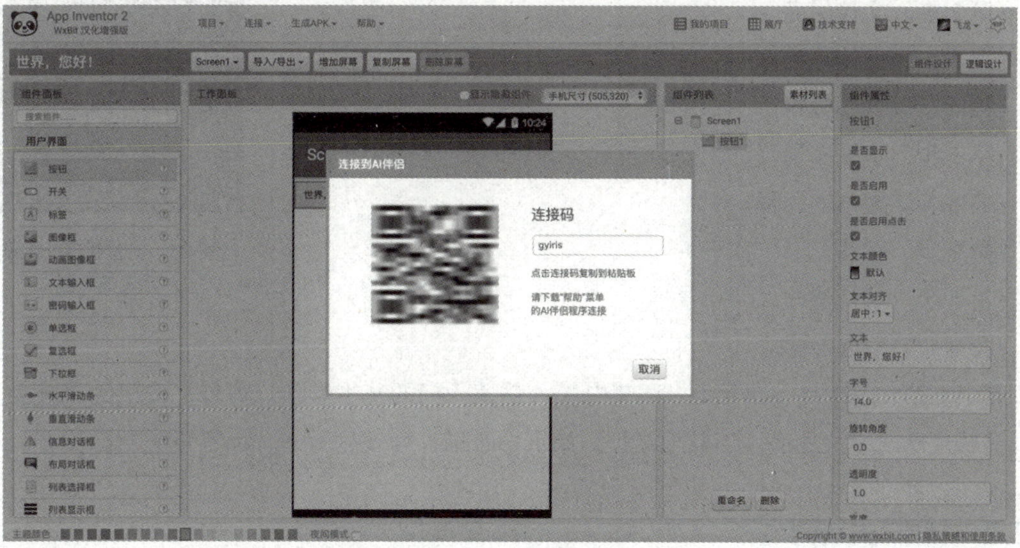

图 2.8　计算机 App 编程的手机同步连接

第一，打开 App Inventor 主菜单的“连接”下拉菜单，选择“AI 伴侣”，若已经连接，可以选择“重置连接”来断开已连接的手机。

第二，运行安装在手机上的 AI 伴侣程序，输入前一步打开的“连接到 AI 伴侣”中的“连接码”或扫描其对话框中的二维码。

第三，等待几秒钟后，手机与计算机之间建立起无线连接，当连接成功后，计算机 App Inventor 编程效果将实时地同步到所连接的手机上，形成“所见即所得”，方便程序的调试。若长时间未连接成功，检查手机有无连接到无线网络、AI 伴侣的版本是否正确等。

2.2　界面设计之颜色搭配——实例 2：计算器界面

导读：运用手机 App 开发流程，模仿计算器 App 的操作界面，学习按钮、编辑框、布局等组件的应用及其属性设置，包括形状、颜色和字体等，理解 App 界面颜色搭配的人机工程学原理，尝试个性化的计算器界面设计。

任务：参考如图 2.9 所示的计算器手机 App 的典型界面，设计自己的计算器界面。

2.2.1 界面设计流程

图 2.9 计算器手机 App 的典型界面

对标计算器的典型界面如图 2.9 所示，运用 App Inventor 开发自己的手机 App 界面，其设计流程如图 2.10 所示，主要包括以下 9 个步骤：

- 第 1 步，新建项目。
- 第 2 步，文件保存。
- 第 3 步，设计界面。
- 第 4 步，屏幕标题。
- 第 5 步，水平布局。
- 第 6 步，文本输入框。
- 第 7 步，按钮。
- 第 8 步，属性修改。
- 第 9 步，APK 下载。

其中，第 1，2，9 步是第 2.1 章节中 App 快速入门的基本操作。另外，按钮的“拖曳”操作及其属性修改方法也适用于其他组件，如水平布局、列表显示框、标签等。

2.2.2 操作关键步骤

打开 App Inventor 网址并登录账号，找到“项目”菜单中的“新建项目”，在出现的对话框中输入项目名称，如“简易计算器 V1”，完成新建项目的操作后，将出现新项目的工作窗口，如图 2.11 所示。

另外，可以在“项目”菜单中选择“导入项目（.aia）”，把以前已经创建并保存到硬盘中的项目文件导入 App Inventor，并可以继续修改、调试；反之选择“导出项目（*.aia）”则可以把当前的项目文件导出到硬盘上。

完成界面设计流程的第 1 和第 2 步骤后，后续关键操作如下。

1）界面布局

第一，定位到“组件面板”中的“界面布局”，拖曳“表格布局”到“工作面板”，在“组件属性”中设置“表格布局”的行列数，比如设置列数为 4，行数为 5，整体形成计算器的界面布局；或者把“界面布局”中的“水平布局”拖曳到工作窗口，一行一行地形成计算器的界面，如图 2.12 所示，在本例中采用“水平布局”的方式形成计算器界面。

第二，定位到“组件面板”中的“用户界面”，选择“按钮”组件，拖曳到工作窗口的水平布局中，如图 2.13 所示。

第三，重复以上操作，完成计算器界面中第一排按钮的水平布局。这一行包括 4 个按钮，各按钮的默认文本分别为：按钮 1，按钮 2，按钮 3 和按钮 4，如图 2.14 所示。

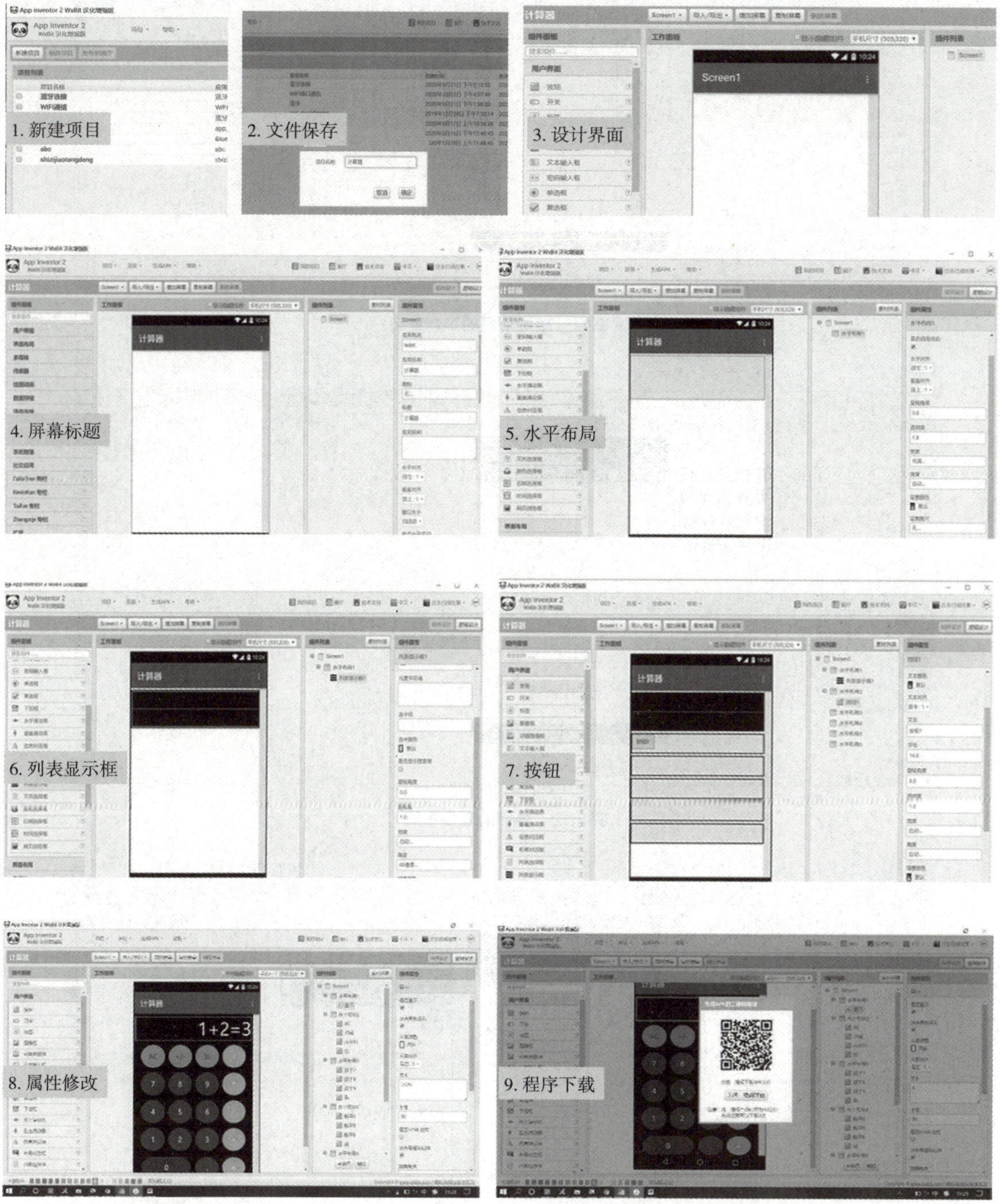

图 2.10　以计算器为例的界面设计流程

图 2.11　新建项目的工作窗口

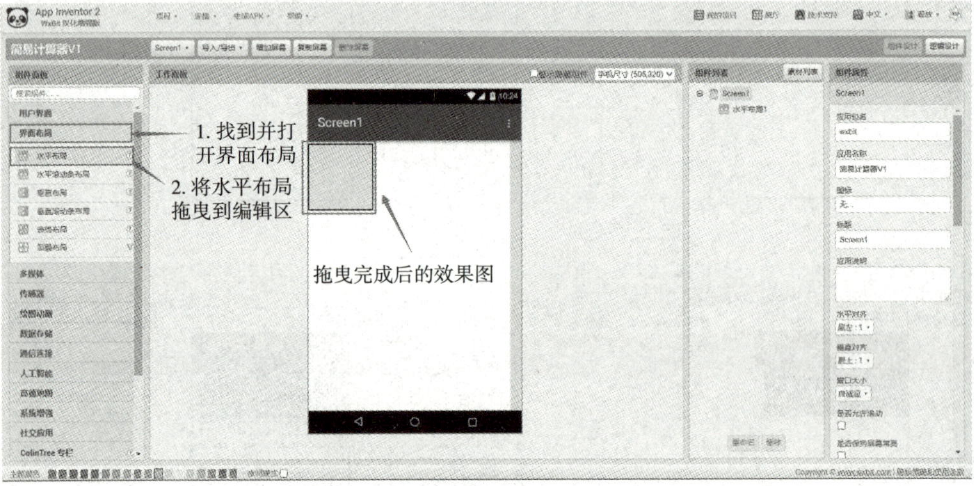

图 2.12　界面的表格布局

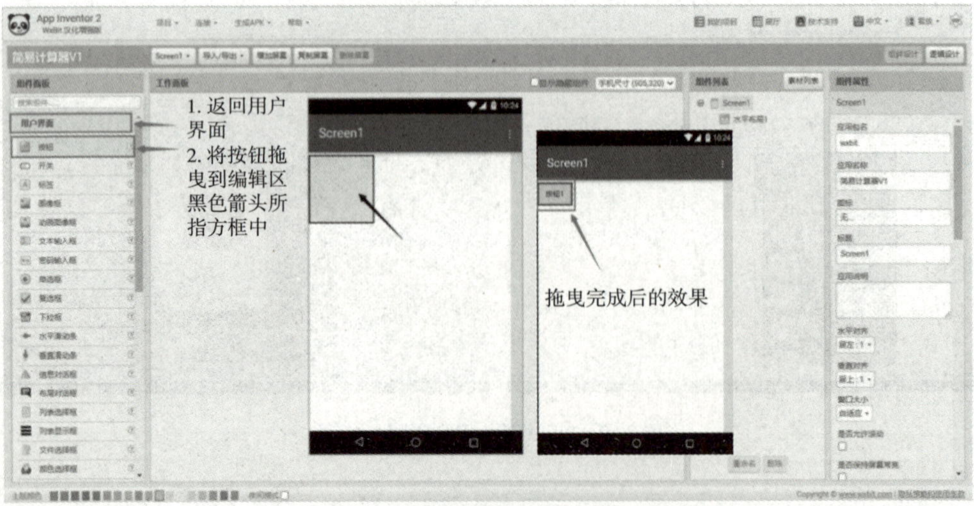

图 2.13　按钮的布局

图 2.14　按钮的水平布局

2）按钮属性设置

通过对按钮的属性进行设置，可以修改按钮的字体、颜色、形状等。

首先，在“组件列表”中，选择待修改的按钮，如选择“按钮 1”，此时“组件属性”定位到该选定按钮，可以修改它的属性参数，如图 2.15 所示。

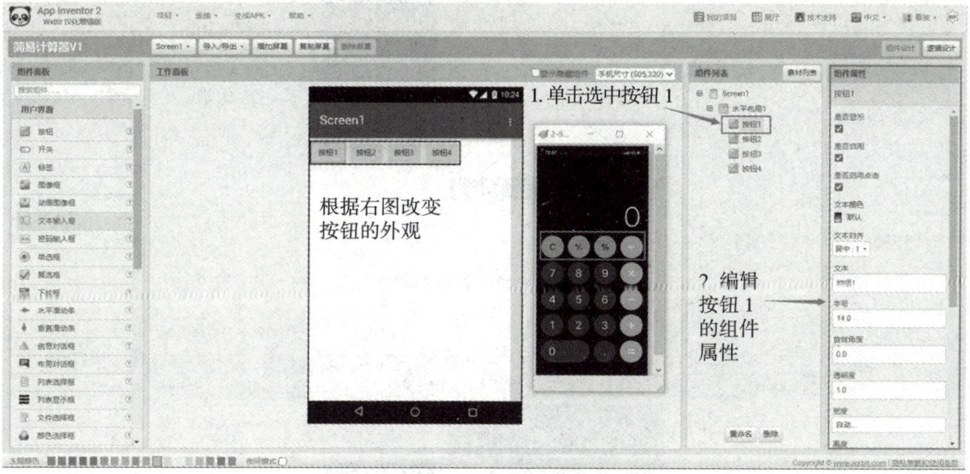

图 2.15　按钮的属性

按钮的“形状”属性包括：默认、圆角、方形和椭圆等，从中选择“椭圆”，如图 2.16 所示。

然后，对按钮的“宽度”或“高度”属性进行设置。按钮的“宽度”属性包括自动、充满、像素和百分比等方式，选择将“宽度”设置为“50 像素”；以相同的方式设置按钮的“高度”；若“高度”和“宽度”一样设置为相同值，例如 50 像素，此时按钮为标准的圆形按钮，如图 2.17 所示。

接着，对按钮的“文本”“字体”“字号”“颜色”等属性进行设置，其中，“颜色”属性包括“文本颜色”和“背景颜色”，如图 2.18 所示。

图 2.16 选择按钮的形状

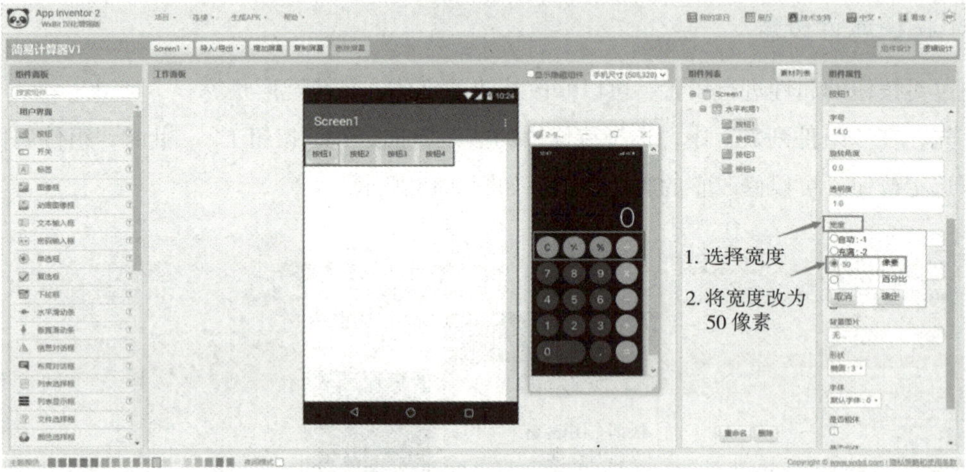

图 2.17 修改按钮的宽度

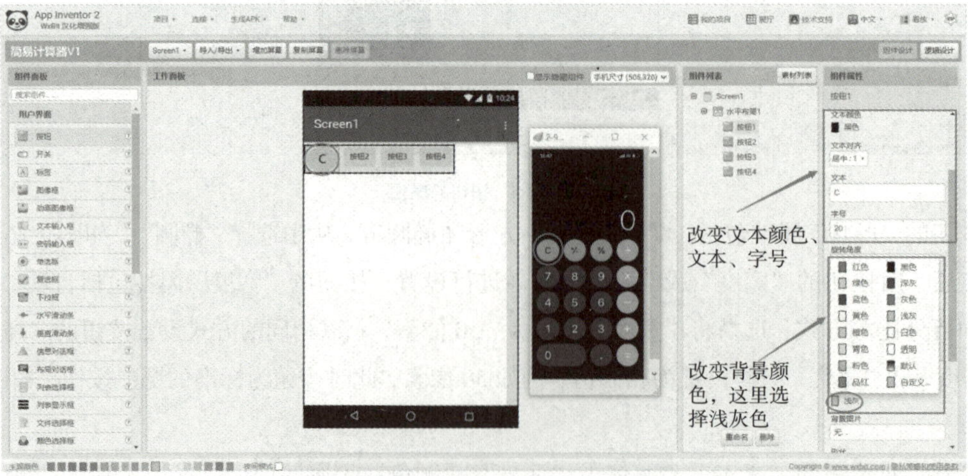

图 2.18 修改按钮的文本、字号和颜色等属性

最后，重复以上操作，修改其他按钮组件的属性，结果如图 2.19 所示。

图 2.19　修改其他按钮的属性

3）背景颜色

在“组件列表”中选择“Screen1”，这是展示在手机屏幕上的 App 界面，默认第 1 个屏幕界面的名称为“Screen1”，一个 App 可以有多个屏幕界面。将“Screen1”的背景颜色改为黑色，如图 2.20 右边操作指示。类似，可以拖曳“水平布局”生成界面的其他行，再拖曳“按钮”形成各行的按钮布局，最后修改按钮属性及背景颜色，得到如图 2.20 所示界面效果。

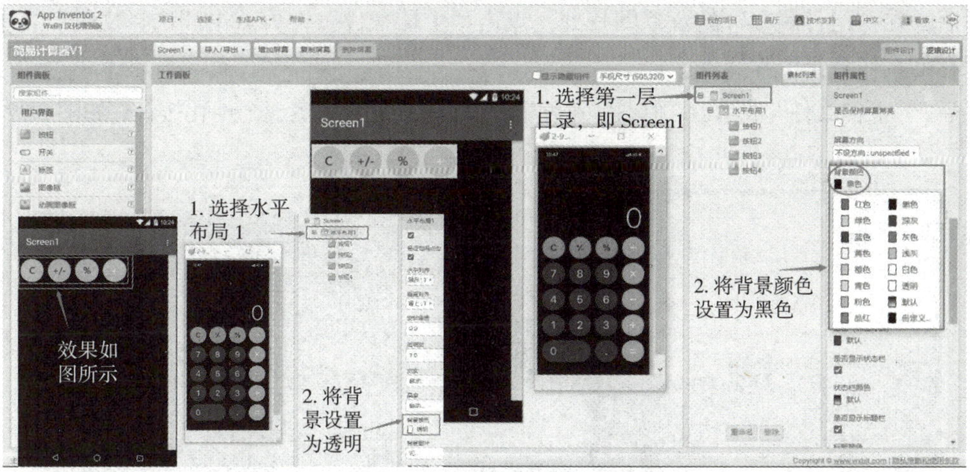

图 2.20　背景的颜色属性修改

4）文本输入框

从“组件面板”中，拖曳一个“文本输入框”、一个“标签”或“列表显示框”到工作窗口，用于计算结果的显示。本例中拖曳一个“文本输入框”显示计算结果。然后，类似于按钮属性的设置操作，对“文本输入框”的文字颜色、文本对齐、文本、字体、字号以及宽度和高度等属性进行修改，比如设置显示“文本颜色”为：白色，“文本对齐”为：居右，“字号”为：56 磅，如图 2.21 所示。

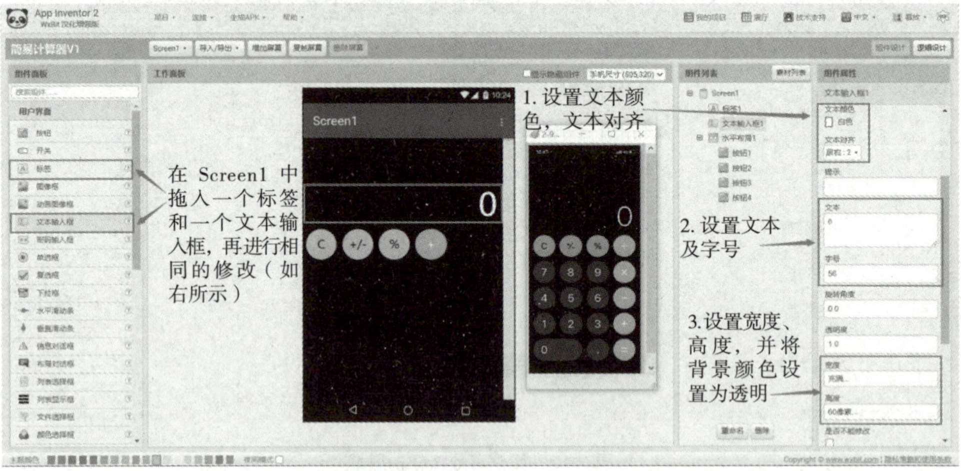

图 2.21　设置文本输入框的属性

5）背景图片

除了上述直接修改组件属性的操作外，还可以采用“组件属性”中的“背景图片”选项达到个性化界面设计的效果，步骤如下。

首先，利用计算机位图编辑软件，如 Office 软件自带的画图工具或 Photoshop（PS）软件，对参考界面或图片进行裁剪或 PS 抠图，获得所需组件的外形图片并保存图片文件。

然后，在“组件属性”的背景图片处，点击“上传文件”，再点击“选择文件”，上传前一步保存的按钮背景图片文件。

最后，“上传文件”成功后，修改“宽度”和“高度”属性，实现个性化按钮，如图 2.22 所示。

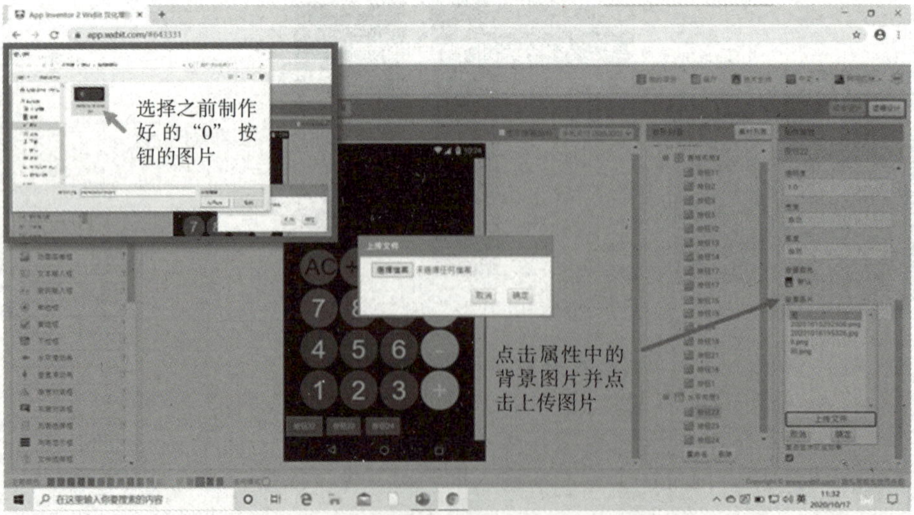

图 2.22　设置背景图片

综上，设计的简易计算器界面如图 2.23 所示，从计算机 App Inventor 主菜单中点击“生成 APK”，用手机 AI 伴侣下载并安装 APK，就可以获得自己定义的简易计算器手机 App 的操作界面了。

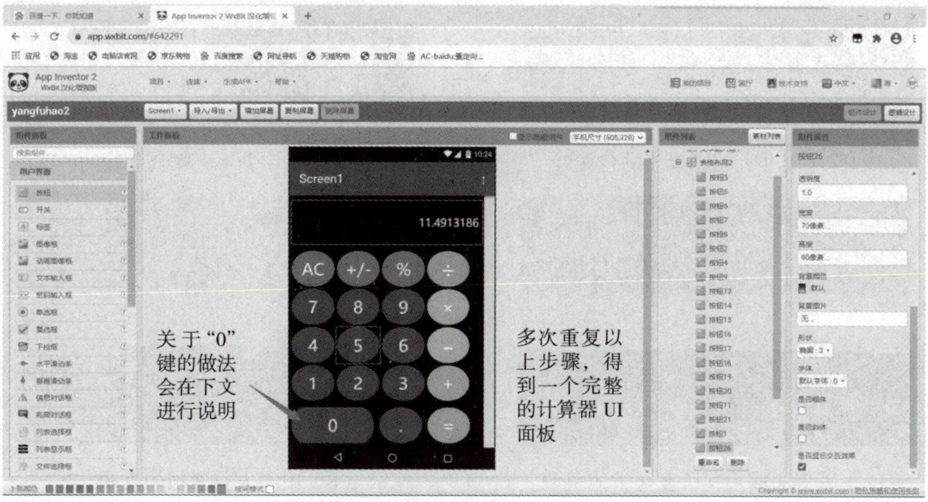

图 2.23　设计的计算器 App 界面

2.2.3　组件色彩搭配

多个组件之间的属性匹配，尤其是颜色搭配是手机 App 界面设计的重点和难点之一。人机工程学是指导手机 App 界面设计的重要理论，其中，设计配色的原理及其原则可参考文献。一般来说，人们对不同颜色的感受各不相同，通常明亮的色调表达欢快，鲜艳色彩的对比制造节日气氛。而且，为避免颜色混乱，由主色调、配色突出等手段实现色彩感觉的不同表达。并且，可根据年龄、性别、温度以及朝气活力与休闲、可爱与浪漫、城市气息与优雅、豪华与高级、自然美、幻想与神秘和力量与速度等十个影像指南进行手机 App 界面颜色搭配的分类设计。

1）年龄

根据客户的年龄进行界面颜色搭配，比如按照婴儿、儿童与少年、青年与成人以及中年等四类人群进行颜色搭配，参考色调如图 2.24 所示。

对 2.2 中的计算器界面按不同年龄的参考色调进行搭配，例如色彩素净明亮、层次鲜明、充满童趣，计算器界面的效果如图 2.25 所示。

2）性别

不同性别的用户对界面色调表现出不同的喜好，其颜色偏好参考如图 2.26 所示。

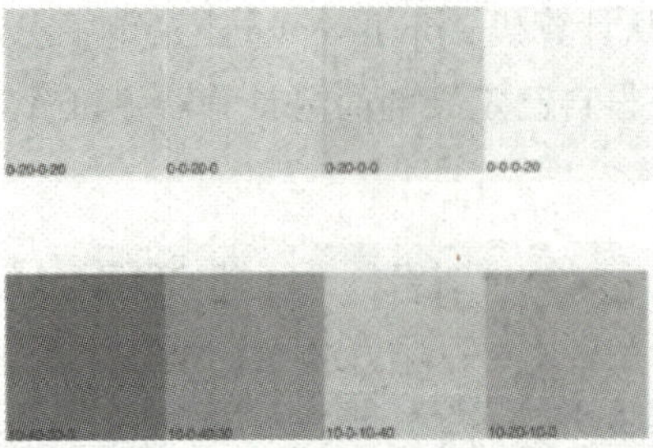

（a）婴儿：明亮素淡的色调

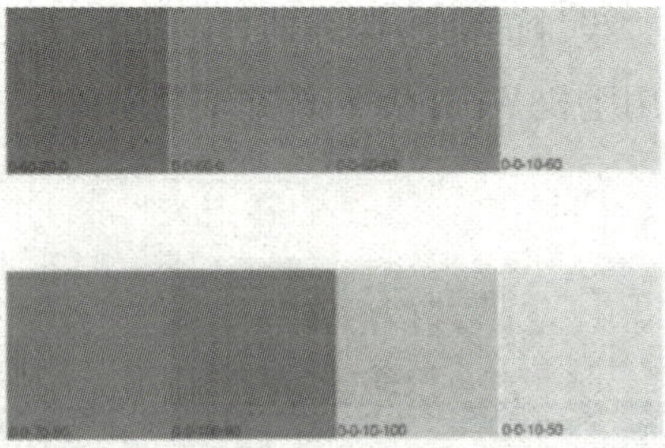

（b）儿童·少年：朝气蓬勃的色调

（c）青年·成人：跨度很大的色调

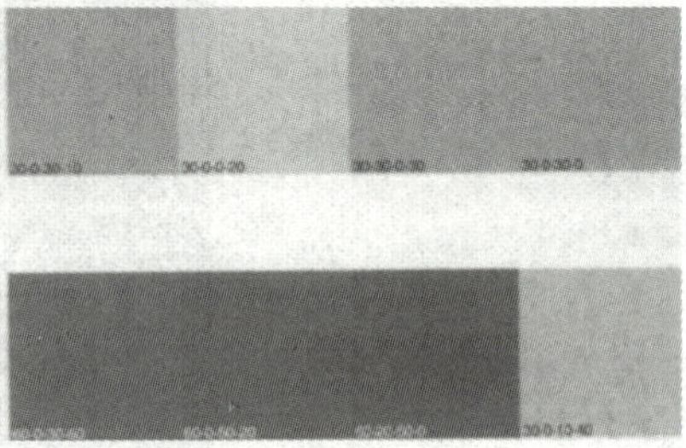

（d）中年人：素雅的色调

图 2.24　适用于不同年龄段的参考色调

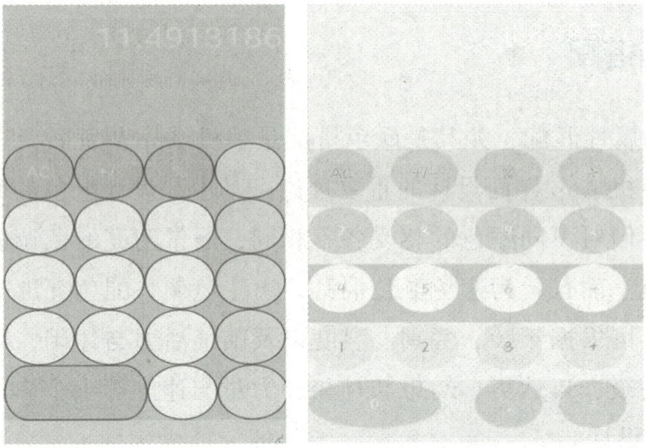

图 2.25　按年龄色调搭配的计算器界面

表现男性阳刚的鲜艳色调

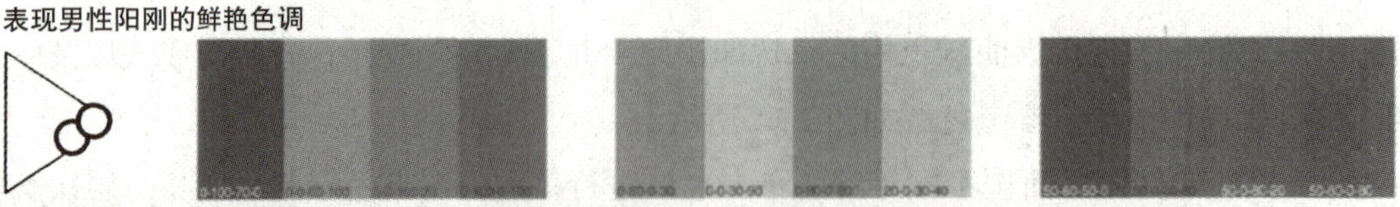

由强烈的纯色色调到鲜艳的暗色色调，都要强调力量

表现女性温柔的色调

明亮的色调，素雅一些的明亮色调都体现出女性特有的温柔

图 2.26　适合男性和女性的参考色调

由此，对应色调的计算器界面示例如图 2.27 所示。

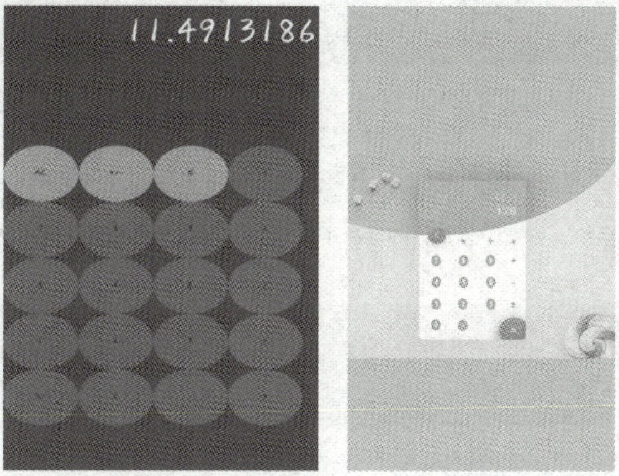

图 2.27　按性别色调创作的计算器界面

3）温度

温度变化对人的界面审美有显著的影响，寒冷、凉爽、温暖和炎热等 4 个典型天气对应的色调如图 2.28 所示。

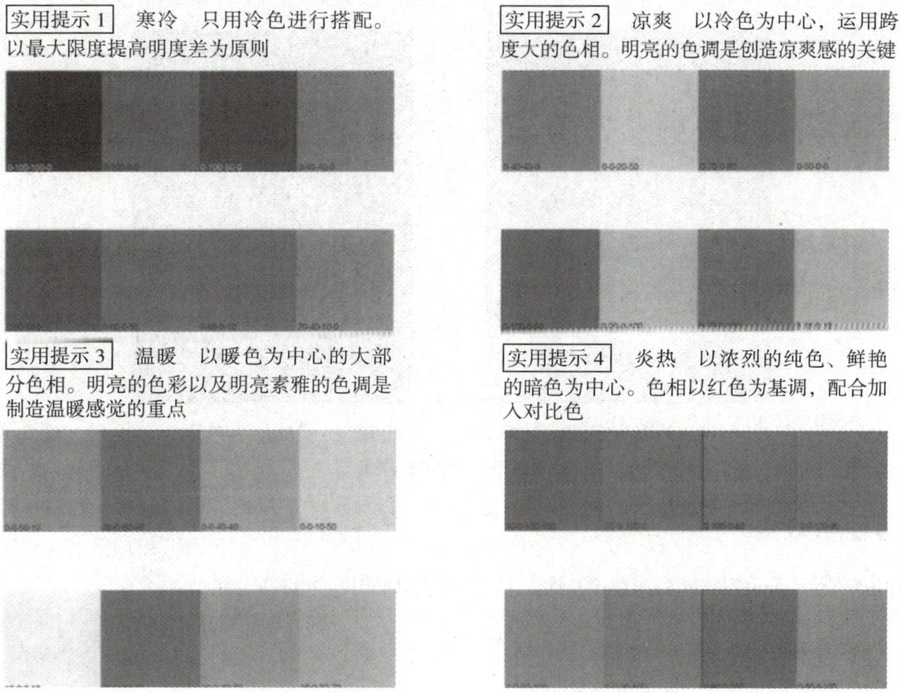

图 2.28　温度的参考色调

4）朝气活力与休闲

朝气蓬勃，放松休闲是现代手机 App 的常见风格，参考色调如图 2.29 所示，所对应的计算器界面实例如图 2.30（b）所示。

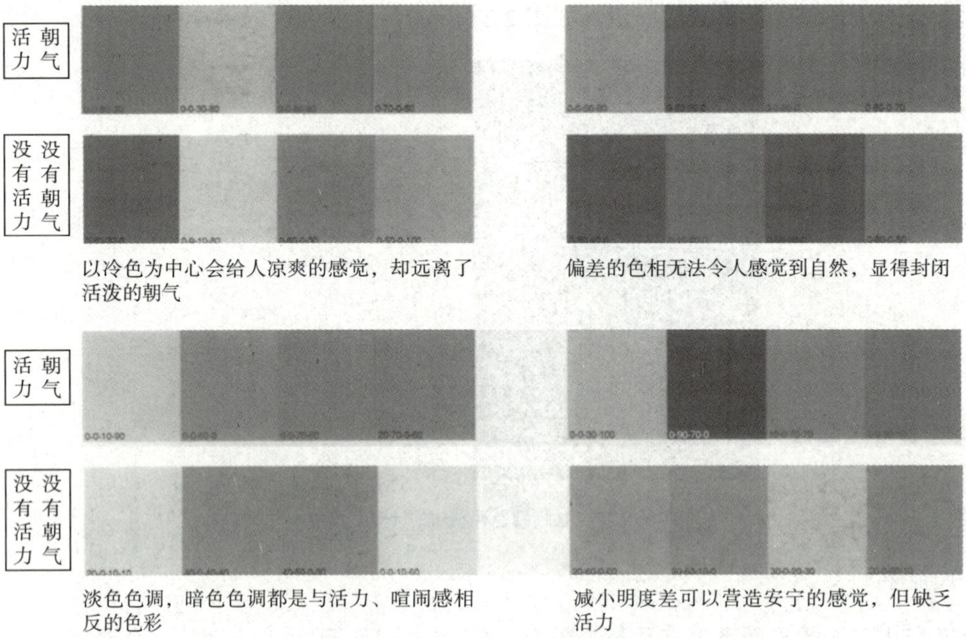

图 2.29　朝气活力与休闲参考色调

结合温度的参考色调，创作的计算器界面实例如图 2.30（a）所示。

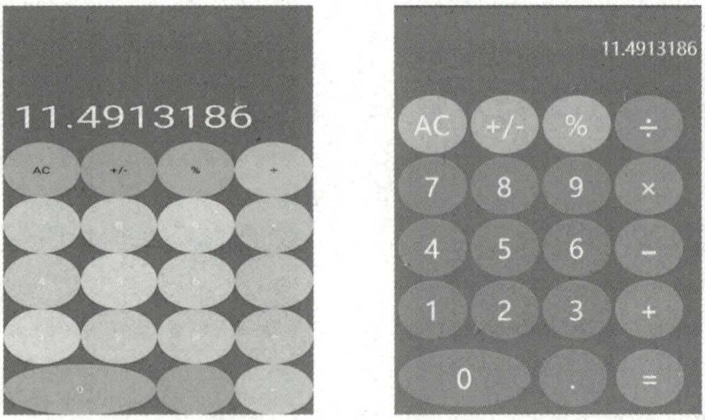

（a）温度色调　　（b）朝气活力色调

图 2.30　计算器界面

5）可爱与浪漫

小孩的天真可爱和青春少年的浪漫，其色调表现如图 2.31 所示。

6）城市气息与优雅

城市气息与优雅参考色调如图 2.32 所示，对应的计算器界面应用案例如图 2.33（b）所示。参照可爱参考色系修改后的计算器界面案例如图 2.33（a）所示。

7）豪华与高级

表现豪华与高级的参考色调如图 2.34 所示。

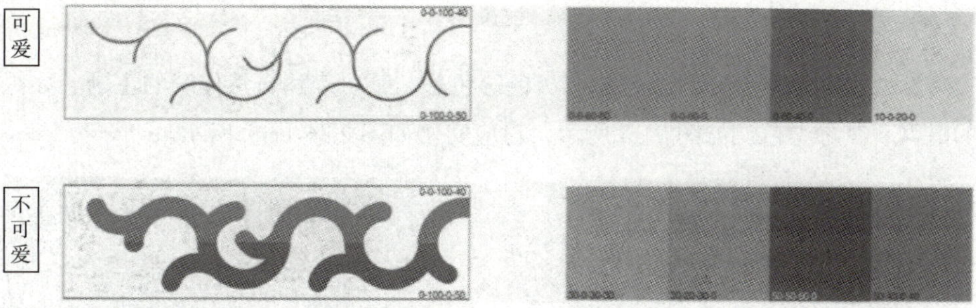

线条太粗给人以强有力的感觉，与可爱的感觉相去甚远

素雅的色调，暗色色调与可爱的感觉截然相反

图 2.31　可爱与浪漫参考色调

色调差小

青紫色与褐色、绿色相差最远

增大色调差使画面远离都市现代感

褐色、绿色使人联想到大地，远离都市的喧嚣

图 2.32　城市气息与优雅参考色调

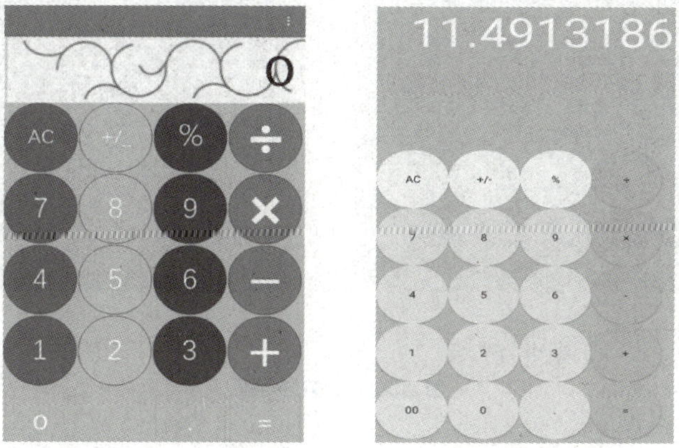

（a）可爱与浪漫　　（b）城市气息与优雅

图 2.33　计算器界面

强有力的色调，但只有冷色，无法体现豪华感

明度差较小，豪华感减弱

图 2.34　豪华与高级参考色调

8）自然美

蓝、暗红、褐和绿等保守的颜色加上灰色等色彩，都可表达自然传统的主题。如绿色象征大自然的财富，其参考色调如图 2.35 所示，对应实例如图 2.36（b）所示。

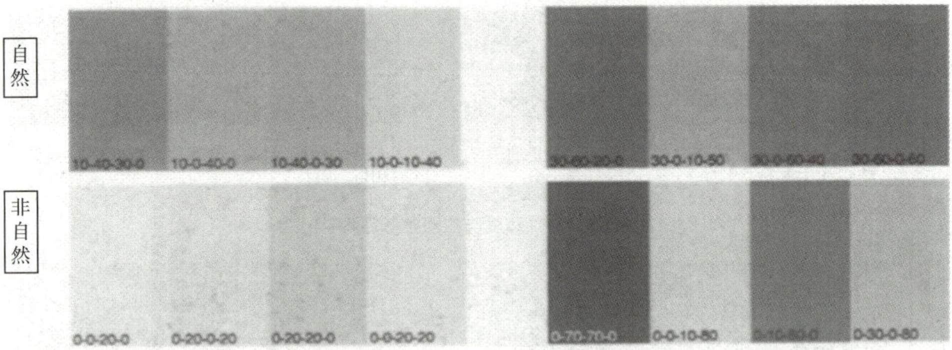

温柔清淡的色调给人远离自然的印象　　鲜艳的色彩与自然的感觉正相反

图 2.35　自然美参考色调

如图 2.36（a）给出了一个豪华色调对应的计算器界面实例。

（a）豪华与高级

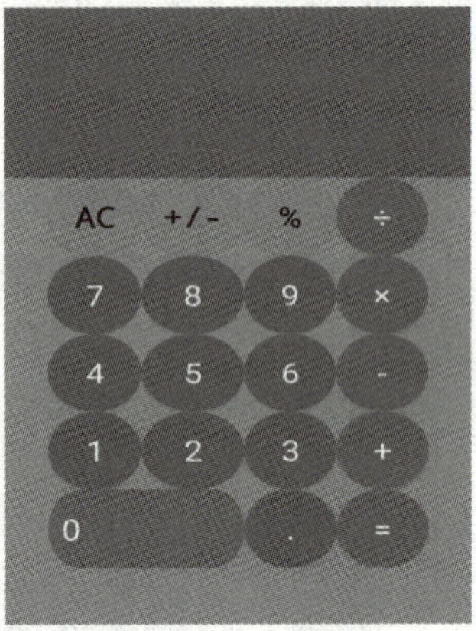

（b）自然美

图 2.36　计算器界面

9）力量与速度

力量与速度是力学物理世界的常见主题，其参考色系如图 2.37 所示。

10）幻想与神秘

世界充满神奇魅力，吸引人们不断探索，具有幻想性与神秘性的参考色系如图 2.38 所示。

结合力量与速度，对应的计算器界面案例设计如图 2.39（a）所示，结合幻想与神秘的参考色系，计算器界面的设计案例如图 2.39（b）所示。

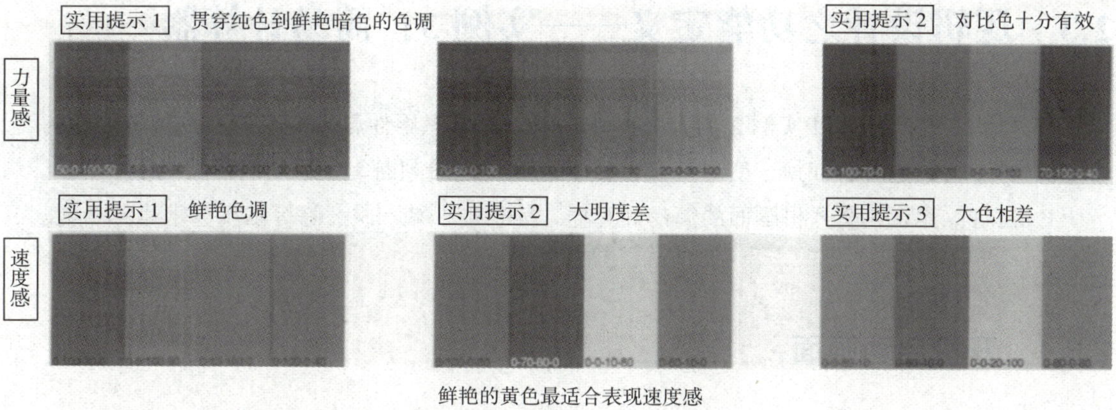

图 2.37　力量与速度参考色调

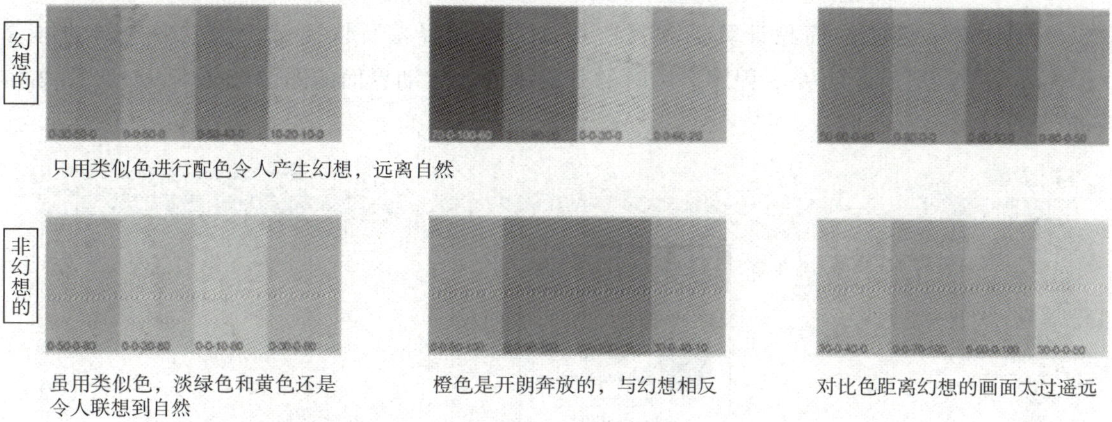

图 2.38　幻想与神秘参考色调

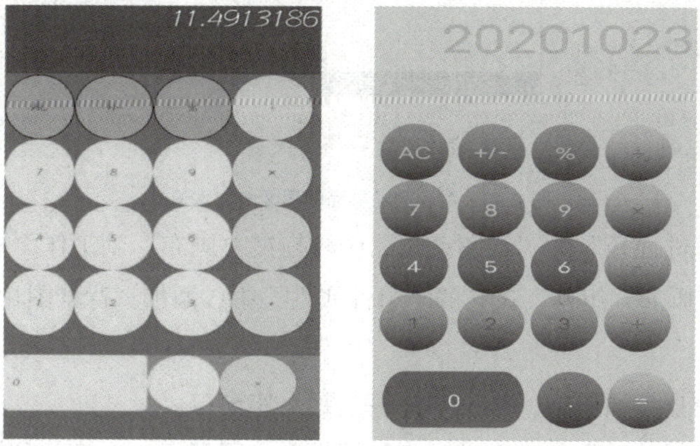

（a）力量与速度　　（b）幻想与神秘

图 2.39　计算器界面

2.3 逻辑设计之功能定义——实例 3：简易计算器

导读：在实例 1 和实例 2 的界面设计基础上，熟悉组件属性的获取、设置与传递的编程方法，掌握屏幕切换、变量定义、数学运算和逻辑判断等代码块编程技术。

任务：实现具有开机画面的简易计算器，具备加、减、乘、除等基本算术运算功能。

2.3.1 开机启动画面

1）界面设计

打开 2.2 中创建的简易计算器项目，点击“增加屏幕”快捷键，生成一个新的屏幕“Screen 2”，用于设计 App 程序启动时的开机画面，启动界面的图像与文本设计如图 2.40 所示，具体步骤如下所示。

图 2.40 App 启动界面的图像与文本设计

第一步，从“组件面板”的“绘图动画”中，拖曳“画布”到工作面板。

第二步，选中“画布”组件，在它的“组件属性”中，添加“背景图片”，其宽度设置为：填满，高度为：50%。

第三步，从“用户界面”中，拖曳“标签”到工作窗口。

第四步，选择“标签”组件，在其“组件属性”中设置文本、字体和颜色等属性，其中设置“文本”为：“世界，您好！”或“Hello World!”。

2）逻辑设计

手机 App 的逻辑设计过程如图 2.41 所示，具体步骤如下。

第一步，切换到“逻辑设计”模式。点击右上角“逻辑设计”快捷键，把工作模式从界面设计切换到逻辑设计，在该模式下通过代码块编程完成 App 的功能设计。

第二步，在“逻辑设计”模式下，软件界面的最左侧显示了内置块、App 界面采用的所有组件等，选中其中的一个组件进行功能设计，如选中“画布 1”组件。

第三步，确定对选中组件需要进行的操作，比如 “被按下”操作，则把相应的代码块拖曳到编程窗口。

第四、五步，重复第二步和第三步的动作，选择其他组件，并把其对应的操作代码块拖曳到编程窗口。在“内置块”中，找到“打开另一屏幕”的代码块，也把它拖曳到编程窗口。

第六步，代码组合。将命令进行“积木式”组合，实现图片被按下后切换到另外一个屏幕。

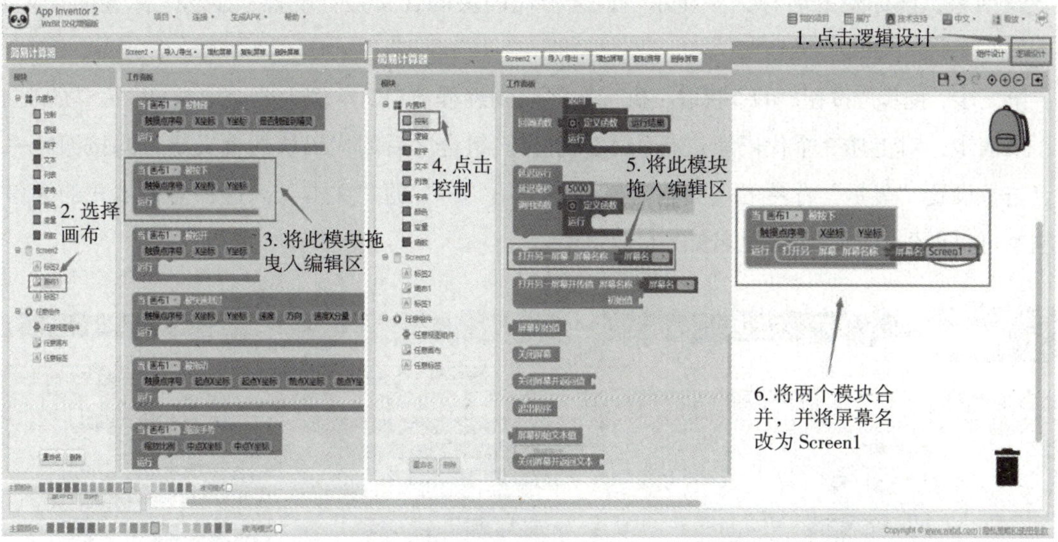

图 2.41　手机 App 从开机界面切换到另一屏幕的代码块

3）程序下载安装与运行测试

通过生成 APK 并下载安装后或者通过手机同步功能，手机 App 的运行效果如图 2.42 所示。启动 App 时显示 2.42（a）所示界面，任意点击左图屏幕则切换到右图所示的界面。

（a）启动界面　　　　（b）切换界面

图 2.42　从一个屏幕（a）切换到另一屏幕（b）的开机画面效果

2.3.2 简单加法运算

1）被点击“按钮”的文本信息显示

获取“按钮”的文本属性，并设置到“标签”的文本属性中，如图 2.43 所示，步骤如下所述。

第一步，拖曳“按钮”的“被点击”响应代码块到编程窗口。本例中按下的是数字按钮“一”，这个代码块的含义是：当数字按钮“一”被点击，运行……

第二步，拖曳“标签”的“设置”执行代码块到编程窗口。本例中，标签用于显示运算数字及结果，该标签的名称为“显示”，这个代码块的含义是：设置“显示”标签的“文本”为……

第三步，拖曳“按钮”的“获取”执行快代码到编程窗口。本例中要获取按钮“一”的文本。

第四步，对上述 3 个代码块进行积木式组合。组合之后的代码块的含义是：当按钮“一”被点击，设置“显示”标签的“文本”属性为按钮“一”的“文本”。这种搭积木式的编程方式基本可以做到方便快捷、见名知意。

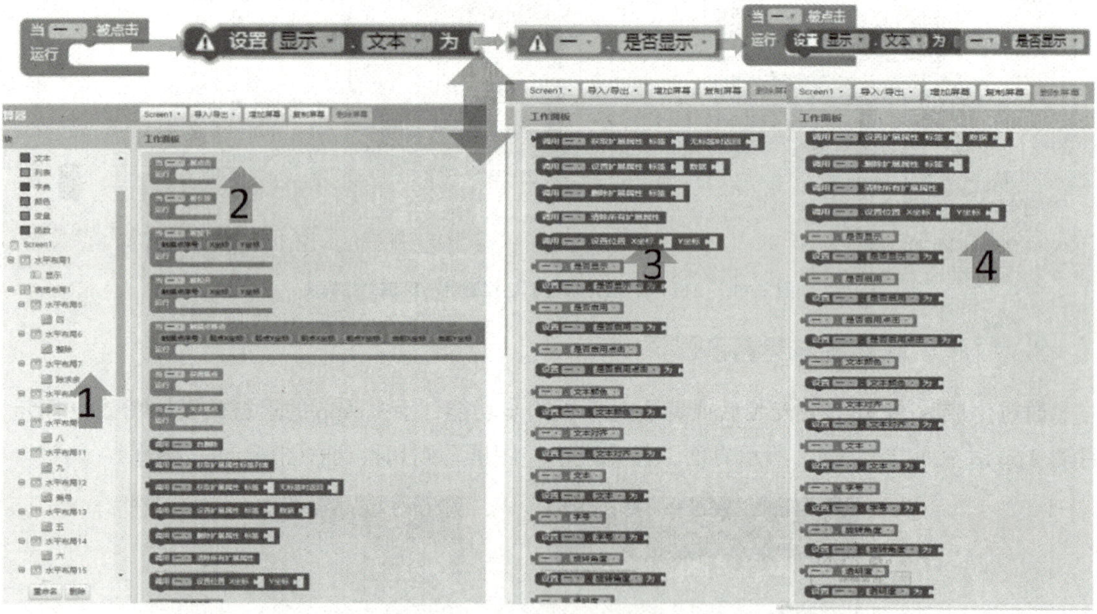

图 2.43　点击按钮时的文本信息显示

重复上述代码块操作过程，也可以通过复制上述代码块后更改按钮组件的方式，快速编写其他按钮被点击之后的响应，实现其他按钮被点击后的文本信息显示，如图 2.44 所示。当数字按钮“一”被点击之后，测试显示效果如图 2.44（c）所示。

2）运算符输入前后数据的保存

如果要完成数学运算“1+2=3”，应该怎么办呢？

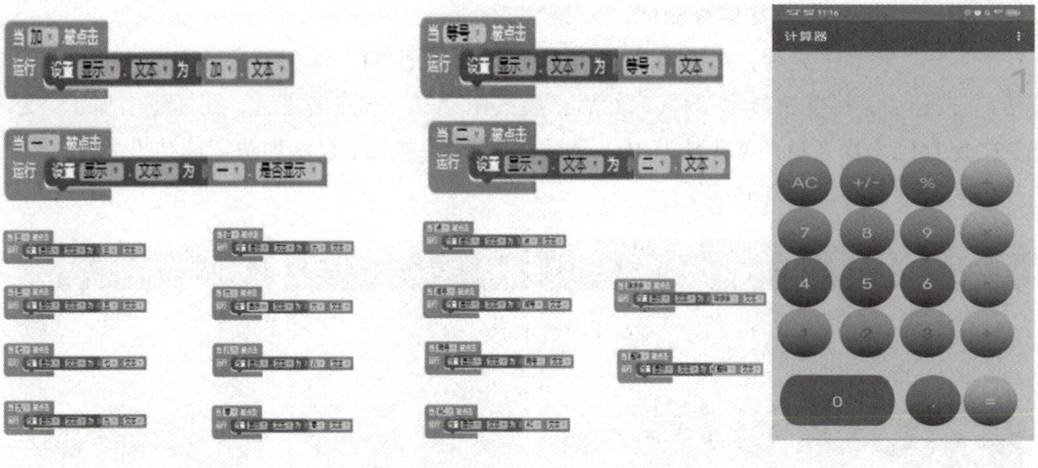

（a）　　（b）　　（c）

图 2.44　其他按钮被点击的信息显示代码及其运行效果

第一步，定义全局变量：

• 首先，从左侧“内置块”的“变量”中，拖曳 2 个全局变量到工作区，采用默认的变量名或者重命名，在此采用默认变量名分别为“变量名”和“变量名 2”。

• 然后，从“内置块”的“数学”中，拖曳“数字”并设置为：0。

• 最后，组合代码块，实现创建全局变量，并设置变量的初值为数字“0”。

第二步，全局变量的设置、运算及获取：

• 修改上一步的程序，要求在数字“按钮”被点击后，按钮的“文本”除了在“标签”中显示外，还把该“文本”信息保存至对应的全局变量中，如图 2.45 的左上图中，当按钮“一”被点击，设置“显示”标签的“文本”为按钮“一”的“文本”，然后设置全局变量“变量名”的值为按钮“一”的“文本”。即按钮“一”被点击之后，在标签中显示“1”，同时把“1”保存到全局变量“变量名”中。

• 在图 2.45 左下图中，“等号”按钮被点击后，拖曳“数学”中的“加法”运算，可完成全局变量“变量名”和“变量名 2”所保存的两个数字的加法运算；而且，把运算结果设置到“显示”标签的“文本”属性中，即可显示运算结果。

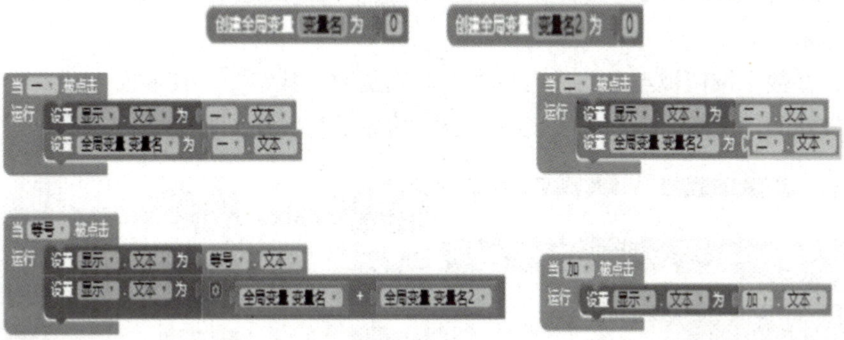

图 2.45　加法运算的原始代码

第三步，“1+2=3”加法运算测试：

按钮“一”被点击之后，在标签中显示“1”，同时把“1”保存到全局变量“变量名”中。再按“+”按钮后，标签中显示“+”；然后，当按钮“二”被点击之后，在标签中显示“2”，并把“2”保存到全局变量“变量名 2”中，最后按“等号”按钮，显示加法运算结果“3”。图 2.45 原始代码的测试过程如图 2.46 所示。

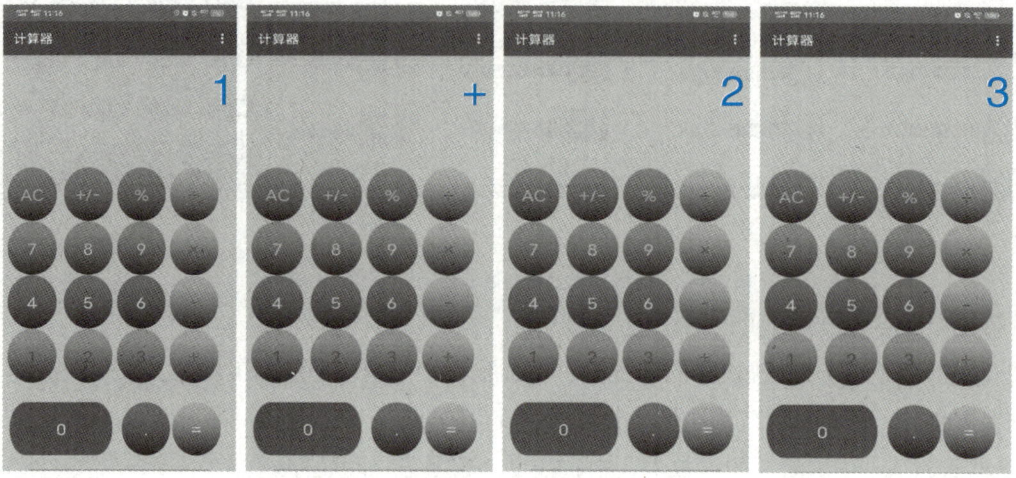

图 2.46　1+2=3 运算测试过程

2.3.3　完整计算功能

显然，上述代码的数字计算功能是不完善的，不仅无法进行加法以外的其他运算，而且更无法输入多位数、小数等其他数字。为此，优化计算器程序。

1）多位数的输入与显示

第一步，定义 3 个“全局变量”，分别重命名为“前数”“后数”和“算符”，并分别初始化为数字“0”“0”和空文本，如图 2.47 左上所示。

第二步，从内置块“函数”中拖曳“定义函数”代码块到工作区，重命名该函数为：数字，其输入变量定义为：数，实现多位数输入至全局变量，同时把这个多位数在“显示”标签的“文本”中显示出来。

第三步，在数字按钮被点击的代码块中，调用函数“数字”，其输入变量“数”就等于被点击的数字按钮的“文本”，用于实现按钮数字的显示与保存，如图 2.47 所示。

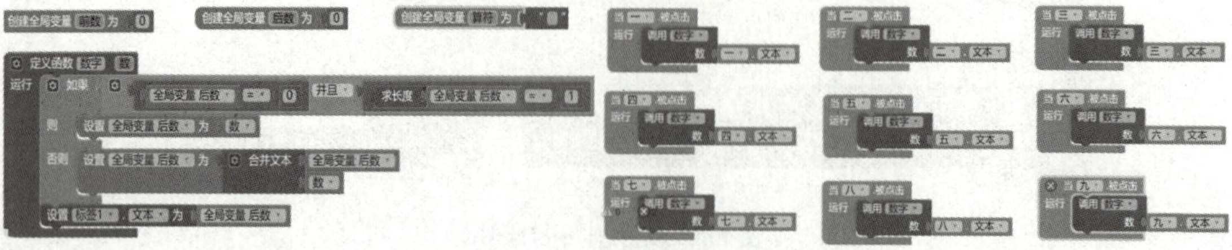

图 2.47　多位数的输入与显示

2）输入数字的函数运算

第一步，从内置块“函数”中拖曳“定义函数”代码块到工作区，重命名函数为：点击算符，其输入变量为：运算符；该函数实现运算符按键操作前和后的数据保存，同时进行运算符的保存及其文本显示，如图 2.48 所示。

第二步，在运算符“+”“—”“×”“÷”按钮被点击的代码块中，调用“点击算符”函数，而“零”按钮调用“数字”函数如图 2.47 所示，另外，“等于”按钮调用“点击等号”函数，如图 2.50 所示。

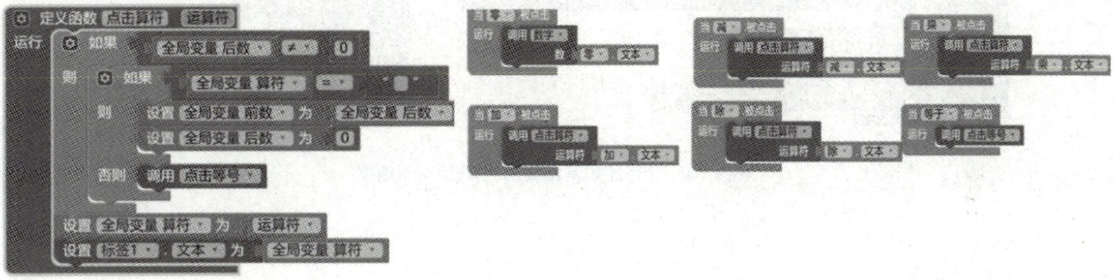

图 2.48　运算符操作前后的数字输入以及运算符的保存与显示

3）小数与负数的处理

定义按钮“点”和按钮“正负”的运算代码块，分别实现小数的输入和正负数据的输入，示例代码块如图 2.49 所示。

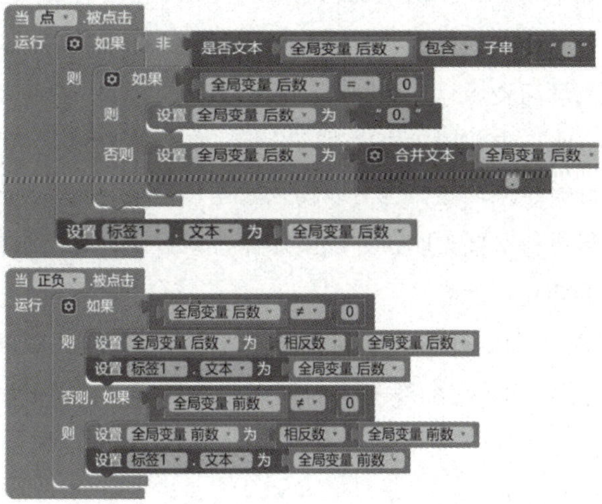

图 2.49　小数与负数的输入与显示

4）计算器的基本运算代码及实测

定义函数“点击等号”，实现加、减、乘、除等数学运算功能如图 2.50 所示。另外，还定义按钮“AC”的清零功能代码块。最后，测试完整计算器的代码运行效果，如输入“8 ÷ 9=”，其计算结果为：0.888 89。

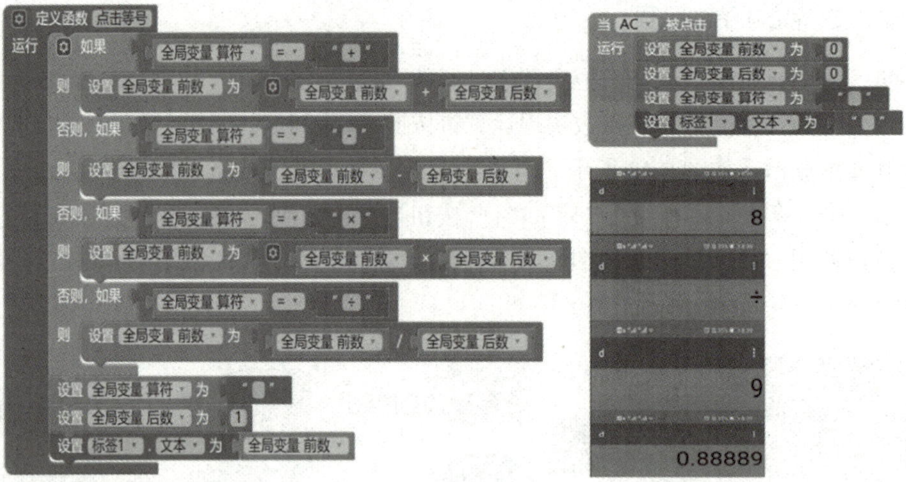

图 2.50　计算器的基本运算代码及实测结果

2.4　学习与思考

导读：深入体验手机 App 开发过程，尝试开发一个简易的物理公式计算器 App。

任务 1： 中学物理公式计算器；参考计算器的手机 App 开发流程及其关键操作，以物理课程中的基本规律，如牛顿第二定律的公式为计算目标，设计并实现该物理公式的计算器。

要求 1：

• 收集物理规律的学习资源，包括网页链接、图片、视频、语音等。

• 按力、热、声、光、电、磁等内容进行分类，每类至少包括 1 个基本计算公式。

• 具有输入数据计算结果功能，也可以输入数据和答案并对输入的答案进行验证。

• 对公式中的符号进行必要说明，并以多媒体方式显示，如漫画方式。

• 具有物理单位的转化功能。

任务 2： 简述智能手 App 开展物理实验的基本流程；参考文献所述的飞机起飞着陆过程的加速度测量、显示和 E-mail 保存，针对身边电梯运行情况设计实验方案，并开展实验探索。

要求 2：

• 选择至少 3 款 App，对比测量精度、操作复杂度以及数据保存等指标。

• 导出 CSV 文件，画出时间-加速度图，并讨论影响因素？

• 尝试策划一场活动："感受你的加速度：Explore Your accelEration：EYE！"-EYE 计划，利用手机测量身边运载工具的加速度，参与科技探索活动，以海报、展板等方式分享实验结果。

第 3 章

传感器数据的采集编程

教学目标：

了解手机内置传感器的类型和工作原理，熟悉传感器数据的获取、显示、分析和保存等编程操作；初步掌握手机外扩传感器的方法和步骤，能够开发含传感器使用的个性化 App。

重点难点：

传感器原理、数据可视化、蓝牙通信。

教学内容：

以 9 个实例说明手机内置和外扩传感器的编程，形成个性化的手机 App“传感器工具箱（cqnuSensor Toolbox）”，该传感器工具箱具备下述功能。

①实例 1：操作界面。了解力、光、声、磁等 9 种常见传感器的工作原理及性能特征，初步掌握传感器数据的读取操作编程。

②实例 2 ~ 4：数据可视化。学会编程实现：传感器数据的数字、波形和动画等可视化技术。

③实例 5 ~ 7：分析与存储。学习编程实现：FFT 变换、深度神经网络（DNN）图像处理、CSV 文件保存、蓝牙数据传输和网络微数据库等数据处理技术。

④实例 8 ~ 9：蓝牙外扩传感器。了解手机蓝牙通信扩展传感器的原理和方法，体验手机外挂温湿度传感器的硬件和软件设计与实现过程。

3.1 手机内置的传感器

导读：了解手机配置传感器的类型，理解力、声、光和磁等传感器的基本工作原理及其测量误差，学会读取传感器数据的编程方法。

任务：结合手机内置的传感器及其功能，制作出个性化的传感器工具箱 App 的操作界面。

3.1.1 传感器的类型及特征

传感器（Sensor）是一种检测装置，具备感知被测量的信息的功能，并将感受到的信息按一定规律转变为电信号输出的能力；传感器用于观察物理现象，采集、处理和保存相应物理量的值。智能手机作为一个便携、运算处理能力强的 ICT 智能通信终端，不仅配置了高分辨触摸屏、数字相机和计时器，还配置了可进行力、声、光、磁等物理量测量的传感器。一般手机内置传感器包括光线传感器、话筒、重力计、陀螺仪、磁力计、接近传感器、GPS 和数据通信等。

1）环境光传感器或照度计

环境光传感器或光线传感器（Ambient Light Sensor，ALS/Luxometer）是由光电二极管和特定滤波器构成的光电转换半导体器件，其中滤波器具有类似人眼的亮度敏感谱特性（或视见函数）。ALS 检测信号可模拟人眼对亮度的感受效果，ALS 也称为照度计。

ALS 与一般的光电传感器件，如光敏电阻，存在显著差异，后者测量光的光辐射度如光强，单位为 W/m^2，而前者测量人眼感观的光物理量，即光亮度，单位为勒克斯 [$lx=cd/(sr \cdot m^2)$]，其定义如下，

$$E = \frac{\partial \phi}{\partial A} \tag{3.1}$$

式中 ϕ——光通量；

A——单位面积。

2）话筒或麦克风

话筒（或声音传感器）也称麦克风（Microphone，MIC），是一种能够将声音信号转换为电信号的电声转换元件。话筒主要有两种类型：动圈式话筒和驻极体话筒。其中，驻极体话筒具有体积小、结构简单和噪声小（微伏级）等优点，被广泛应用于手机中。驻极体话筒的电声性能指标如下，

- 灵敏度：0.5 ~ 10 mV/Pa 或 −66 ~ −40 dB。
- 频率响应：100 Hz ~ 10 kHz，幅度较为平坦。
- 方向性或指向性：话筒灵敏度随声波入射方向变化而变化，有单向性、双向性和全向性等 3 种类型。

驻极体话筒如图 3.1 所示，有两个关键部件：用于声电转换的振动膜（驻极体）和用于阻抗变换的场效应管。其中，振动膜是一片极薄的塑料膜片，一面蒸镀上一层纯金薄膜，另一面与金属极板之间用绝缘垫圈隔开，形成蒸金膜-绝缘垫圈-金属极板的电容器结构。当遇到声波振动时，振动膜的电容器两端电压发生相应变化，实现声音到电信号的转变，并由场效应管对电信号进行预处理后从引脚输出。

（a）实物图

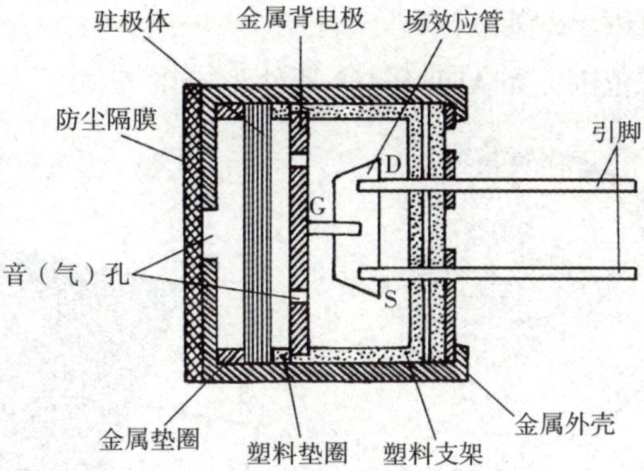

（b）内部结构

图 3.1　驻极体话筒

3）加速度传感器或重力计

加速度传感器（Accelerometer/G-Sensor）是一种将加速度信号转换为电信号的传感器，也称重力计分为压电式、压阻式、电容式和伺服式 4 种类型，可用来测量物体在加速过程中作用于物体的力，例如地球引力或重力，因此，加速度传感器还称为重力计。

手机的加速传感器是电容式传感器，其性能指标如下，

- 测量范围或峰值：如 5 g。
- 灵敏度：如 400 mV/g。
- 频率响：如 0 ~ 800 Hz。
- 噪声：如小于 100 μg/$\sqrt{\text{Hz}}$。
- 温度敏感系数：如 0.02 mV/℃。

另外，以上性能指标中 g 指的是重力加速度。电容式传感器的基本部件包括：

- 一个质量块，它可以在某个轴上运动。
- 一个微型弹簧，其一端固定，另一端连接质量块。
- 一个电容器，电容器的一个极板固定，另一个极板与质量块连在一起。

当手机的某一方向有加速度时，质量块就会压缩或拉伸弹簧，使得电容器两极板距离发生变化，引起电容的变化。这样，手机在某一方向的加速度信号就转变为电信号。若把 3 个方向相互垂直的传感器集成到一起，就获得了手机在三维空间的加速度，即手机就具备运动感知功能。

4）陀螺仪或角速度传感器

手机的陀螺仪也称为角速度传感器（Gyroscope/Angular Velocity Sensor），是一种替换传统陀螺仪的微机电系统（MEMS），如图 3.2 所示。陀螺仪的基本原理是：利用物理学的科里奥利（Coriolis）力，在内部产生微小的电容变化，然后测量电容，计算出角速度，实现手机旋转运动的偏转角度、速度、时间等物理量的测量。一般来说，陀螺仪的技术指标如下：

- 零偏或零漂：常折算为等效输入角速度如 0.5° /h。
- 角随机游动系数：如 0.2° / $\sqrt{\text{Hz}}$。

• 标度因子：如 0.2 %。

• 动态范围：如 ADIS16488 器件为 450° /s。

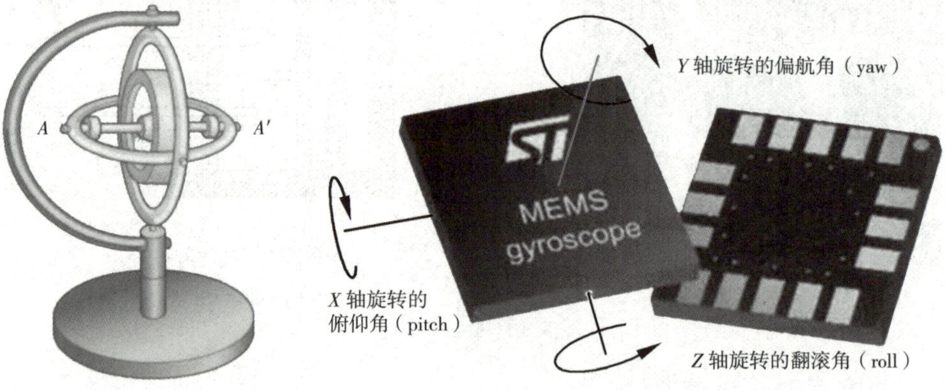

（a）传统结构　　（b）MEMS 器件

图 3.2　陀螺仪

5）磁传感器或磁力计

磁传感器也称磁力计（Magnetometer），利用 1879 年美国的埃德温 . 霍尔（Edwin Hall，1855—1938）发现的霍尔效应来实现对外界磁场的大小和极性的测量。磁感应强度是描述磁场强弱和方向的物理量，用 B 表示，其单位是特斯拉（Tesla，T）或高斯（Gauss）（1 Tesla=10 000 Gauss），例如地磁场的强度是 0.4 ~ 0.6 Gauss。其中，霍尔效应是指：在薄膜半导体两端通以电流 I，并在薄膜的垂直方向施加磁感应强度为 B 的磁场，在垂直于电流和磁场的方向上，将产生内建电势差 U_H 的物理现象，如图 3.3（a）所示。

霍尔效应磁力计可以用简单的 CMOS 平面工艺实现，但只能感知垂直于平面的磁场变化，当在原来的管芯上增加一层坡莫合金，就可以探测平行于管芯方向的磁场，实现三轴磁力计，并大量应用于罗盘或指南针等手机 App。磁力计的技术指标包括：

• 测量范围：如 1 100 μT；

• 分辨率：如 0.015 μT；

• 线性度：如 0.60 %。

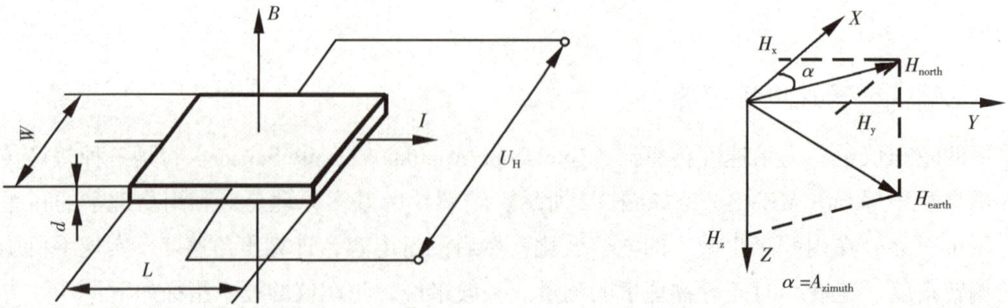

（a）示意图　　（b）构成磁力计的坐标分量

图 3.3　霍尔效应

事实上，手机磁力计的两个水平分量 X 和 Y 的矢量和总是指向磁北极 H_{north}，如图 3.3（b）所示。当罗盘平行地表面时，根据 X 轴和 Y 轴坐标分量值就可以计算出当前方向和磁北的夹角，即航向角（Azimuth）α，其值随罗盘的水平旋转在 0° ~360° 之间变化。值得注意的是，磁北极和地理的北极是不重合的，存在 11° 左右的夹角。

6）距离传感器或接近传感器

距离传感器又称接近传感器（Proximeter/Proximity Sensor），包括发射和接收两个装置，由“飞行时间法”的原理实现。首先发射装置发射特别短的光或超声波，当遇到物体发生反射，接收装置接收到反射回来的信号，通过测量信号从发射到被物体反射再到接收端的时间，计算出反射物体与电子装置的距离，如图 3.4（a）所示。

手机的接近传感器一般为红外（IR）光的发光二极管（发射装置）和红外探测器（接收装置）组成，检查距离在 10 cm 以内。绝大部分手机不能精确测量距离数据，只有物体接近时为“有”或物体远离时为“无”的状态检测功能。例如，可以利用手机接近传感器检测手机是否贴在耳朵上，以便自动熄灭屏幕，达到省电的目的。手机的接近传感器本质上就是一种光电传感器，常常与光线传感器集成到一个芯片上，其中，图 3.4（b）给出了手机元件的实物图。

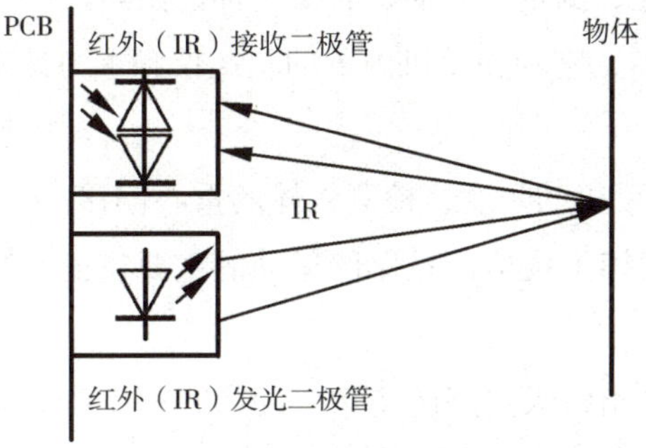

（a）红外光（IR）飞行时间法测量物体距离的示意图

（b）接近传感器和光线传感器集成的手机元件

图 3.4　接近传感器

7）位置传感器或全球定位系统

类似于我国的北斗定位系统，全球定位系统（Global Positioning System，GPS）是一种卫星定位系统，它包括三大部分，如图 3.5（a）所示。第 1 部分为空间部分，由 21 颗工作卫星和 3 颗在轨备用卫星组成 GPS 卫星星座；第 2 部分为控制部分，即地面监控；第 3 部分为用户部分，即 GPS 信号接收机。GPS 定位广泛应用于智能手机，不需要手机 SIM 卡，也不需要手机连接到网络，只要在户外，基本上随时随地都可以实现手机的准确定位。

通过观测 4 颗不断发射导航电文的 GPS 卫星，并进行卫星信号的捕获、跟踪、处理、测量、解译和计算等操作，可以获取用户设备的空间三维坐标 $\{x, y, z\}$。这是由于用户设备（手机）的时钟与星载时钟不同步，那么除用户的三维坐标外，还引入了一个时间变量 t，即卫星与手机之间的时间差，所以需要采用 4 颗卫星导航电文建立 4 个方程，从而求解 4 个未知数 $\{x, y, z, t\}$，实现全天候、连续、实时的三维导航定位功能，如图 3.5（b）所示。

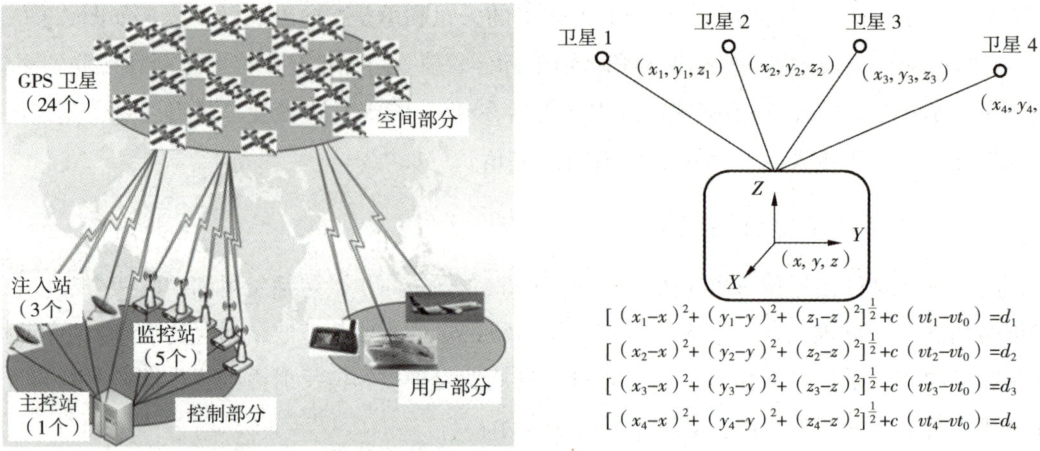

图 3.5　GPS 系统构成（左）及其 4 卫星空间定位算法（右）

8）虚拟传感器：方向传感器和计步器

虚拟传感器是一种“综合传感器”，即综合了真实存在的重力计、陀螺仪、磁力计等传感器的感知数据后，计算出来的传感器数据。例如，方向传感器（Oritation Sensor）是典型的手机虚拟传感器，它可以检查手机方向状态，如正竖、倒竖、左横、右横，仰、俯等。

计步器（Pedometer）是另一个手机虚拟传感器，它利用手机内置的陀螺仪和重力计来感知运动产生的震动，其实施步骤如下，

- 第一步，判断用户正在走路。陀螺仪测量出手机的角度，检测人体的重心偏移。
- 第二步，去除测量“干扰项”。判断并过滤掉干扰项，只保留运动的主要特征，这是编程应用的难点和重点。
- 第三步，计步软件会记录并储存数据，计算出每天走路的步数、距离、速度和时间等，甚至估算出热量消耗。

9）数据通信：近场通信、蓝牙和 Wi-Fi

近场通信（Near Field Communication：NFC）是一种 20 cm 以内的短距离无线通信技术，由非接触式射频识别（RFID）及互连互通技术整合演变而来，通过在单一芯片上集成感应式读卡器、感应式卡片和点对点通信的功能而实现，其工作频率是 13.56 MHz，传输速率为 424 Kb/s。

类似地，常见手机数据通信方式还有 RFID、ZigBee、蓝牙、红外和 Wi-Fi 等，其传输速率、传输距离、频段、功耗、安全性和成本等指标对比见表 3.1。其中，NFC 成本低，不需要电源支持，是 Android 系统最具特色的技术之一。利用 Android 系统手机与 NFC 标签之间，或 Android 手机之间的小数据量的数据传输，可以实现 Android 手机的 NFC 移动支付、电子票务、门禁、移动身份识别、防伪支付等应用。

表 3.1　NFC、蓝牙和 Wi-Fi 等数据通信方式的性能对比

名　称	NFC	RFID	ZigBee	蓝牙	红外	Wi-Fi
传输速率	424 Kb/s	2 Mb/s	100 Kb/s	1 Mb/s	115 Kb/s	11~54 Mb/s
传输距离	1~20 cm	< 3 m	2~20 m	10~100 m	1 m	10~200 m
频段	13.56 MHz	2.4 GHz	2.4 GHz	2.4 GHz	980 mm 红外光	2.4 GHz
功耗	10 mA	低	5 mA	20 mA	低	10~50 mA
安全性	极高	中等	中等	高	无	低
成本	低	中	中	中	低	高

不同型号手机配置的传感器可能存在显著的差异。另外，部分型号手机还可能配置有诸如压力（Pressure）、温度（Temperature）、湿度（Moisture）和气压（Barometer）等传感器。当然，即使手机上没有配置所需的传感器，或者配置的传感器性能指标不满足应用需求，将通过外扩传感器的方式弥补这一缺陷，相关内容将在本书 3.4 章节中进行阐述。

3.1.2　传感器的应用及误差分析

根据真实环境中待观察的物理量，了解常规的测量仪器，确定需要使用的手机传感器，这是手机 App 开展物理教学的前提。采用同一手机的某一传感器或多种传感器，甚至同步多个手机的多个传感器研究不同的物理现象，这样的探究型教学已经不是什么新鲜事了。其中，光线、声音和加速度传感器是最为广泛应用的手机传感器，经常用于光学、声学、力学等物理现象的观测，这类探究应用可归纳汇总如下：

- 光线传感器：不同厚度的玻璃对可见光的吸收测量，弹簧震动分析。
- 声音传感器：声波的可视化实验，振荡棒的幅度、频率测试和叠加原理验证。
- 加速度传感器：木质长方体在斜坡面上的动摩擦系数测量，重力加速度测量。
- 陀螺仪：角度矩、速度和阻尼振动测试。
- 磁力计：直线通电导线、圆形通电导线的磁场测量，地磁场倾角测量。
- 计时器：便携式示波器实验。
- 气压传感器：水蒸发释放的压力测量。
- 光线 + 声音传感器：红外光衍射现象观测，声音可视化实验。
- 加速度 + 方向传感器：抛物线运动观测，单摆观测。
- 光线 + 方向传感器：光极化探究，Malus 定律实验。
- 陀螺仪 + 加速度传感器：角速度、向心加速度测量，阿特伍德机验证牛顿第二定律。
- 磁力计 + 加速度传感器：感应电动势测试。
- 拓展传感器：空气质量监测实验。

除了选择合适的手机 App 来获取观测结果之外，把测量结果与理论值作误差分析也是手机 App 开展物理教学的关键步骤之一，是深刻认识并理解实验现象的重要内容。误差或统计误差是指一个量在测量、计算或观察过程中，由于错误或不可控制因素的影响而造成的偏离标准值或规定值的数量。值得注意的是，误差是不可避免的，误差的存在不代表测量结果是错误的。从来源看，误差可分为系统误差与偶然误差；从数据分析来看，误差又可分为绝对误差和相对误差。这 4 种误差类型可概括如下。

- 绝对误差：测量值与真实值之差的绝对值。
- 相对误差：绝对误差占真实值的百分比。
- 系统误差：实验器材引起的误差。
- 偶然误差：测量者操作引起的误差。相同条件下，在确定的测量条件下，对同一物理量进行多次测量并做算术平均，能够较好地减少偶然误差。

此外，待测物理量 Y 常用测量结果 N 的可疑程度，即不确定度 ΔN 来表示，有

$$Y=N\pm\Delta N \tag{3.2}$$

也就是说，不确定度给出了真实值存在范围的估计，并常用标准差表示。不确定度包括 A 类不确定度和 B 类不确定度两种。其中，A 类不确定度表示多次重复测量时，用统计方法计算得到的量，如标准偏差；B 类表示非统计方法估计得到的量，如系统误差的估算。

实际应用中，尽管手机内置的传感器是高性价比的物理实验工具，但是手机传感器引起的误差和测量的不确定性是不容忽视的。另外，由于传感器首先把感知的物理量转变为模拟电信号，然后通过放大、滤波和模数转化（A/D），从而输出数字量，最后手机的微处理器进行传感器数据的读取时获取到该数字量。因此，A/D 的有限分辨率也是引起手机传感器测量误差的主要原因之一。例如，磁力计的测量误差近似在级 μT。另外，光学类型的传感器还可能存在其他技术问题，比如，当手机没有专门配置光线传感器时，往往通过相机进行照度估计，然而手机相机常常具有自动补偿功能，这就使得测量结果的可信度降低了。

3.1.3 传感器的组件——实例 1：传感器工具箱界面

结合手机内置传感器的类型及特征，利用 App Inventor 对光线、声音、加速度、方向、接近、陀螺仪、磁场、计步器和 GPS 等传感器进行汇总，设计出个性化的传感器工具箱界面，其名称命名为：cqnuSensor Toolbox。传感器工具箱软件的界面设计关键步骤如下。

第一步，新建项目及屏幕属性设置。新建一个名为：cqnuSensor Toolbox 的项目，在“组件列表”中选中屏幕（Screen1），在“组件属性”中修改“标题”为“cqnuSensor Toolbox”，在“图标”属性中上传自定义的图标“cqnuSensorToolbox.png”，选择背景、主题、标题栏和状态栏的颜色属性如图 3.6 所示。

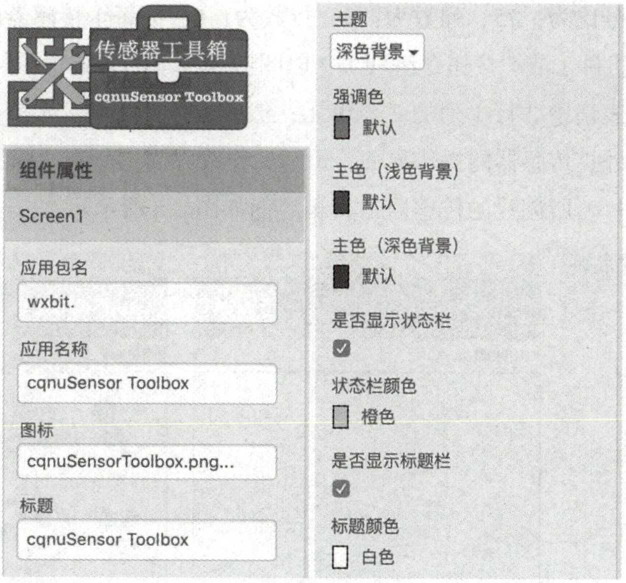

图 3.6　传感器工具箱的屏幕属性设置

第二步，传感器组件配置。定位到组件面板中的“传感器”，拖曳当前手机型号配置的传感器到“工作面板”，例如计步器、位置传感器、方向传感器、距离传感器、光线传感器、声音传感器、磁场传感器、加速度传感器和陀螺仪传感器等 9 种常见类型。此时，工作面板的下方区域，以“不可见组件”的形式显示拖曳的结果，同时“组件列表”列出相关组件，如图 3.7 所示。

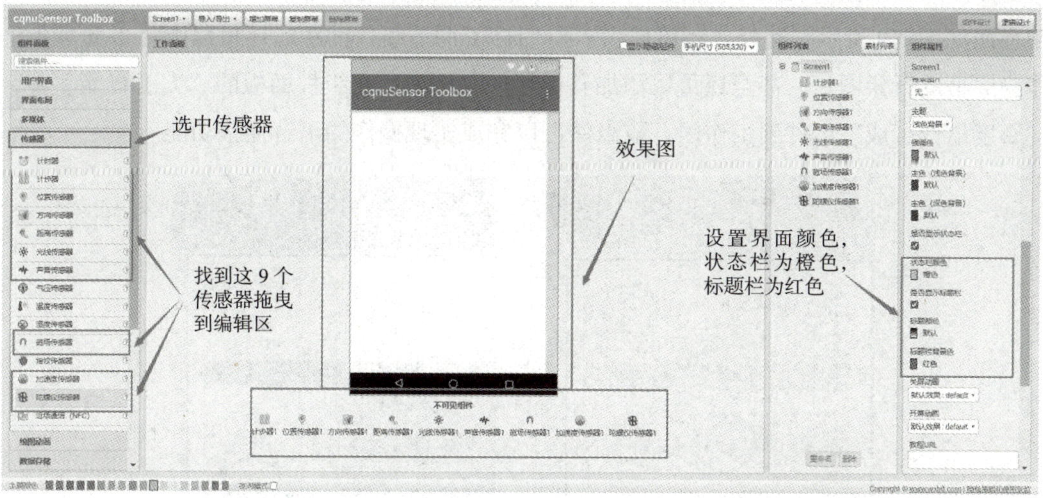

图 3.7　传感器组件的配置

第三步，矩阵布局与图片和标签设置。从组件面板的“界面布局”中拖曳 2 个“标签”组件到工作区，分别选中这两个“标签”组件，修改其“组件属性”中的“文本”属性为：内置传感器和外扩传感器。从组件面板的“界面布局”中拖曳 1 个“表格布局”到工作区，作为 9 个内置传感器的操作界面。在“组件列表”中选中“表格布局”，在其“组件属性”中设置宽度为：充满、高度百分比为：75、列数为：3、行数为：6。为每个传感器配置一个“图相框”组件和一个“标签”组件（或“按钮”组件），以图形和文本的方式表示传感器的功能，因此，每个传感器分别占据表格中 2 行 1 列的 2 个单元；然后，拖曳 1 个“水平布局”到工作面板，作为耳机插孔和蓝牙外扩传感器的操作界面；最后，修改界面上所有“标签”的“文本”属性，上传“图相框”的图片。所创建的传感器工具箱界面如图 3.8 所示。

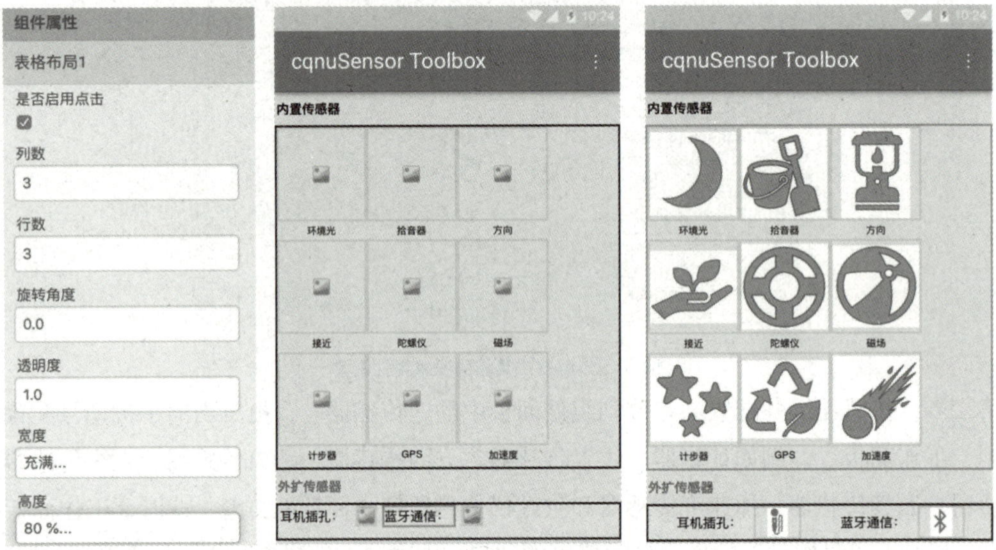

图 3.8　传感器工具箱的界面设计

当然，可以根据个人偏好，对界面组件的颜色、图片和布局进行设计，个性化的传感器工具箱界面如图 3.9 所示。此外，还可以引入空白标签调节组件间距，还可以上传事先准备的图片作为屏幕的背景图片，甚至还可以添加其他组件，例如，在组件面板的“人工智能”中，拖曳“百度语音合成”组件到工作区，该组件可以完成实现操作的语音播报功能。

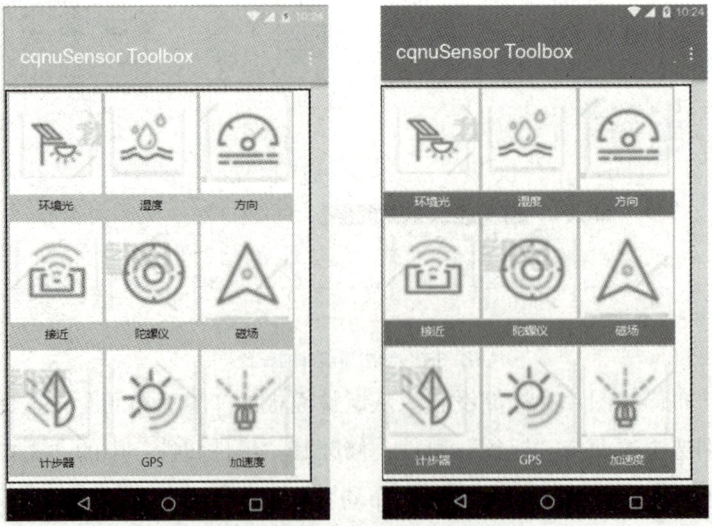

图 3.9　传感器工具箱的个性化界面设计

3.2　传感器数据的获取与显示

导读：掌握传感器数据的读取和数字显示等基本编程操作，理解传感器数据的物理含义，学会传感器数据的波形、动画等可视化编程技术。

任务：体验手机传感器的操作与获取数据之间关系，实现传感器工具箱的数据可视化。

3.2.1　数字显示——实例 2：传感器工具箱数字显示

当如图 3.8 所示的传感器工具箱界面中的某一传感器被点击时，转换到对应传感器的数据显示屏幕。该屏幕被划分为 3 个区域，其中一个区域用于传感器数据的数字显示。

1）数字显示的界面设计

首先，点击快捷按钮“增加屏幕”，在“组件列表”中选中该新建的屏幕，在其“组件属性”中修改标题名为“Sensor Display”。

其次，拖曳一个“水平布局”到工作区，并修改该组件的属性，设置“宽度”属性为：充满。

再次，拖曳 1 个“标签”组件到“水平布局”中，设置该组件的“文本对齐”属性为：居中，修改“文本”属性为传感器类型，如“环境光传感器：ALS”，还可以根据个人喜好修改文本的颜色、字体等属性。

最后，再拖曳一个“水平布局”到工作区，在该水平布局中插入 3 个“标签”组件，用于显示传感器信息，包括返回参数的物理量名称、数值大小以及单位。如图 3.10 所示，显示环境光传感器的读数，物理量为：光照度，数值为：0，单位为：lx（勒克斯）。

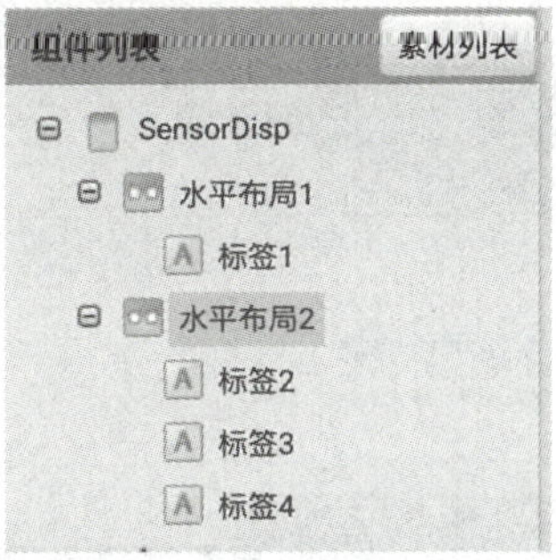

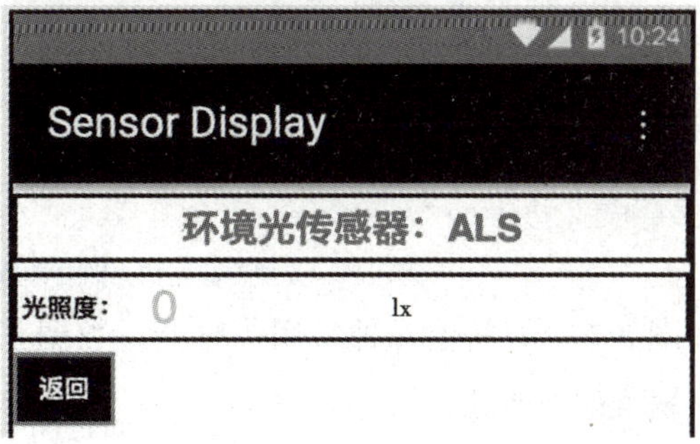

图 3.10　传感器数据显示界面中数字显示部分

2）传感器数据的获取

在传感器数据显示界面中，添加“传感器”组件，如“光线传感器”，点击右上角的“逻辑设计”菜单，切换到代码块编程环境，通过以下 3 个步骤获取传感器数据。

第一步，打开传感器（或启动传感器）。

第二步，传感器响应函数中数据的获取。

第三步，获取传感器数据的文本标签设置，实现数字显示。

• 光线传感器

首先，在“模块”列表中选中“标签 1”，即如图 3.10 中传感器数据显示界面中的“环境光传感器：ALS”标签组件，把“当标签 1 被点击”的代码块拖曳到编辑区；在“模块”列表中选中“光线传感器 1”，在工作面板中选中拖曳“设置光线传感器 1 是否启用为……”代码块到编辑区，并设置其“是否启用”为：真；组合这两个代码块，即“当标签 1 被点击”，运行“ 设置光线传感器 1 是否启用为真”，也就是打开传感器。

其次，从“模块”的“光线传感器 1”中，拖曳“当光线传感器 1 光照度改变”的代码块到编辑区，此函数返回值为：光照度。

最后，从“模块”的“标签 3”中，拖曳“设置标签 3 文本为……”代码块到编辑区，与上一步组合，即把鼠标放到上一步返回的“光照度”上，弹出菜单，把“光照度”值拖曳到“设置标签 3 文本为……”代码块之后。也就是说把上一步返回的“光照度”值设置为“标签 3”的文本，实现光照度的数字显示，如图 3.11 所示。

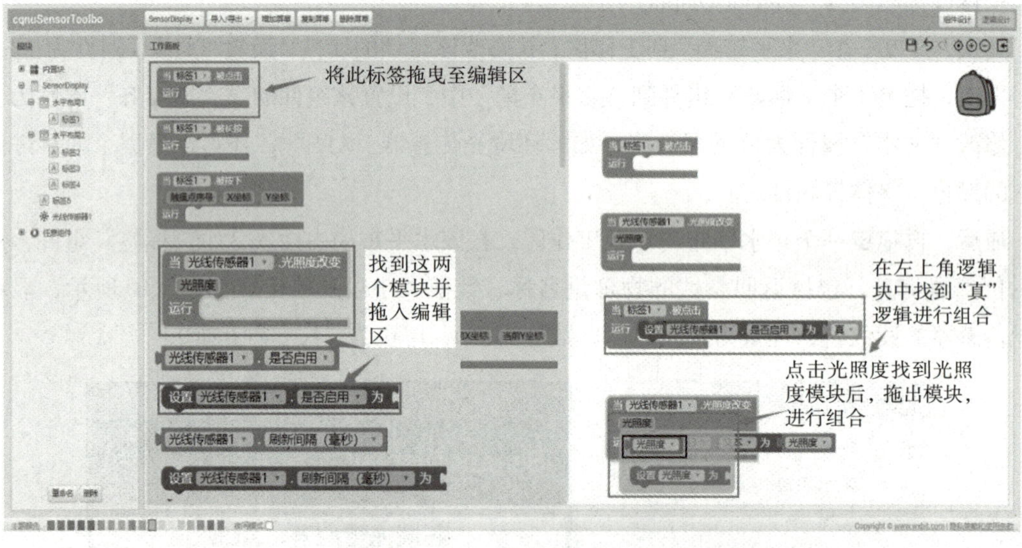

图 3.11　光线传感器的光照度读取与数字显示代码块

针对如图 3.7 中的其他几种常用传感器，数据获取的代码块编程如下所述。

• 声音传感器

类似于光线传感器，图 3.12 所示为声音传感器的最大音量的读取与数字显示代码。

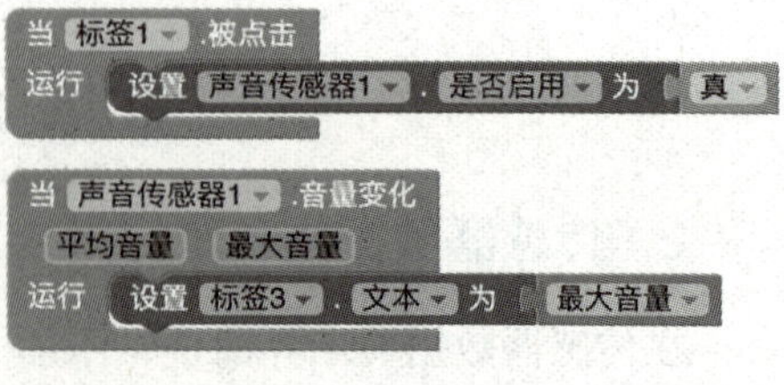

图 3.12　声音传感器的最大音量读取与数字显示代码块

• 加速度传感器

当手机被晃动时，加速度传感器有 X、Y 和 Z 3 个分量的返回值，加速度传感器的读取与数字显示代码块如图 3.13（a）所示。类似的传感器还有陀螺仪和磁场传感器，其中，结合图 3.2（b）所述 MEMS 器件的坐标定义，手机的三维坐标及其旋转定义如图 3.13（b）所示。

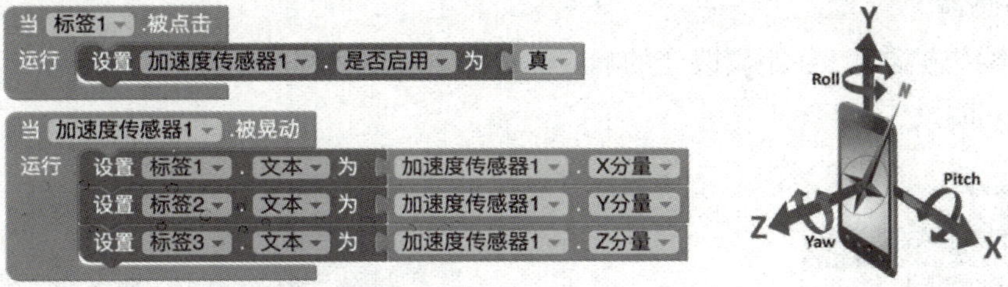

（a）读取与数字显示代码块　　（b）手机的三维坐标

图 3.13　加速度传感器

• 陀螺仪传感器

当手机参考图 3.13（b）定义坐标进行旋转 {Pitch，Roll，Yaw}，从而陀螺仪状态发生改变，返回 {X，Y，Z}3 个轴的角速度数据，其获取与显示代码示例如图 3.14 所示。

• 磁场传感器

当磁场强度改变时，磁场强度的 3 个分量的获取与显示代码块如图 3.15 所示。

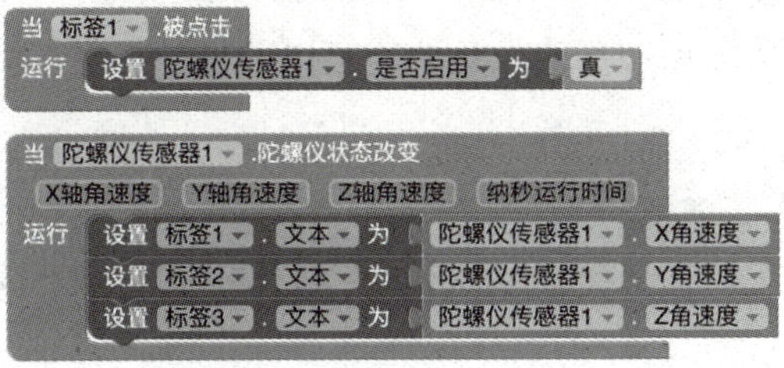

图 3.14　陀螺仪传感器 3 个角速度分量的读取与数字显示代码块

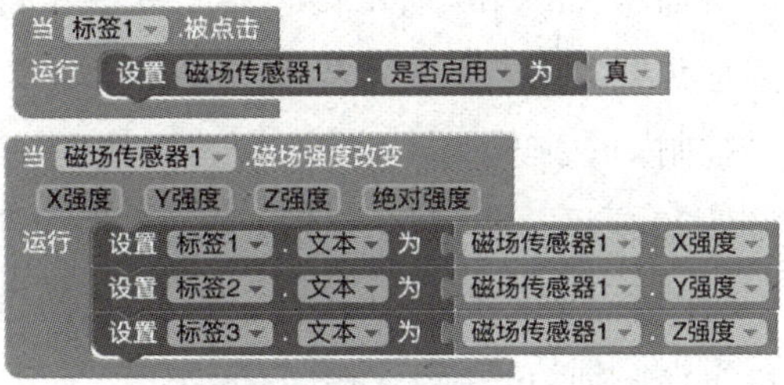

图 3.15　磁场传感器数据的读取与数字显示代码块

• 方向传感器

当方向传感器的方向被改变时，可以获得方位角、倾斜角、翻转角如图 3.16 所示。

• 位置传感器

位置传感器获取手机当前 GPS 位置的经度、纬度和海拔等数据，其数据获取与显示代码块如图 3.17 所示。

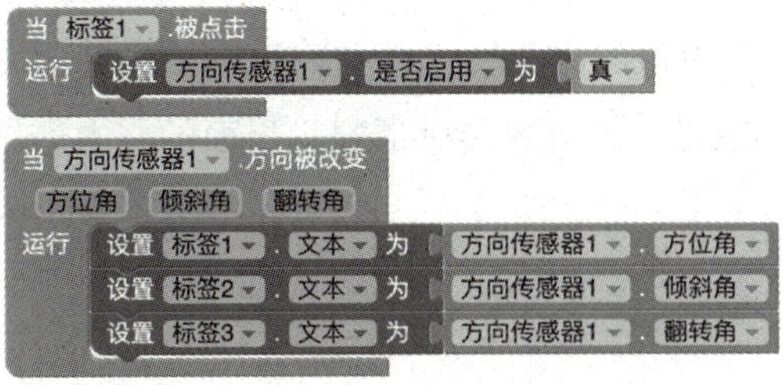

图 3.16　方向传感器的数据读取与数字显示代码块

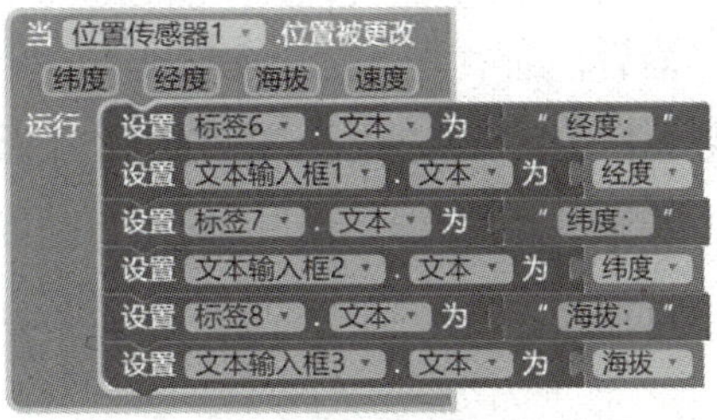

图 3.17　位置传感器的数据读取与显示代码块

• 计步器

启动计步器后，当检测行走步数时，获取行走步数和距离进行显示，其代码块如图 3.18 所示。

• 距离传感器

启用距离传感器后，在距离改变的响应函数中，获取物体的距离进行数字显示，其示例代码块如图 3.19 所示。

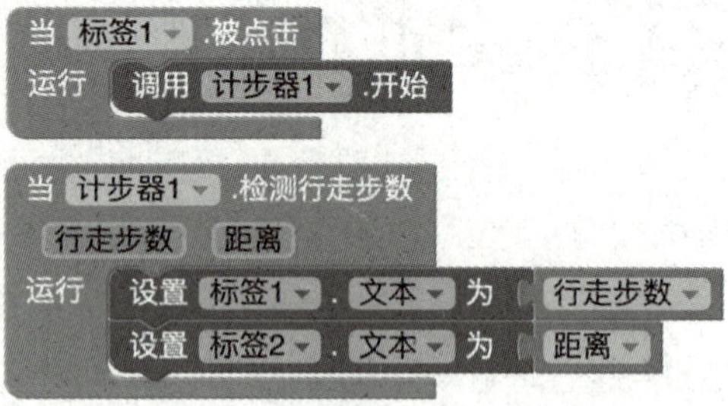

图 3.18 计步器的读取与显示代码块

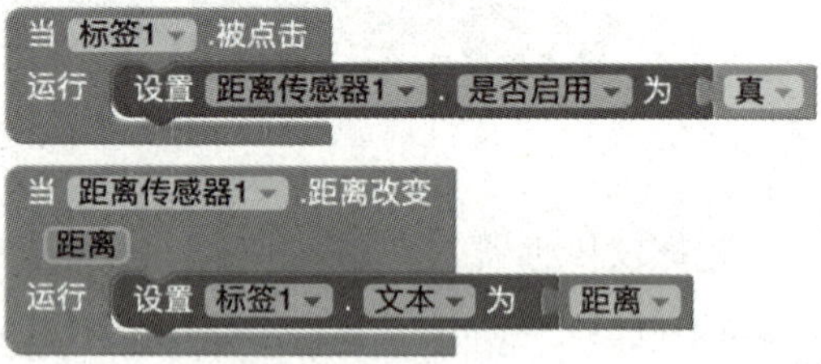

图 3.19 距离传感器的读取和数字显示代码块

3）触摸和语音方式的屏幕切换

当如图 3.8（b）所示传感器工具箱界面中传感器的“图相框”或“标签”被点击后，进入对应传感器的数据显示界面：SensorDisp，如图 3.10（b）所示，此功能可以通过从“内置块”的“控制”中拖曳“打开另一屏幕”代码块实现，如图 3.20 所示。类似地，可以通过添加如图 3.10（b）中所示的“返回”按钮，实现从传感器显示屏幕返回到传感器工具箱主界面。

图 3.20 传感器工具箱界面中图像框被点击后切换到传感器数据显示屏幕的代码块

除了上述的触摸点击方式可以切换到工具箱传感器数据显示屏幕外，还可以由语音识别方式实现上述功能，具体步骤如下。

首先，从“组件面板”的“人工智能”中，拖曳一个“百度语音识别”组件到工作区，再拖曳一个“声音和震动”组件，另外，还要添加一个“按钮”作为启动语言识别的按钮。

其次，切换到逻辑设计界面，若“按钮”被长按时，执行百度语音识别的“开始”代码块，启动语音识别。

最后，选中“百度语音识别 1”组件，拖曳“获得最终结果”函数代码块到编辑区中，该函数返回值为：结果。“停止”语音识别后，把“结果”与进入传感器显示界面的文本进行比较，若满足条件则打开相应的屏幕，同时还提供 200 ms 的振动提示，图 3.21 给出了采用语音方式打开 9 个传感器显示屏幕，并返回传感器工具箱界面的代码示例。

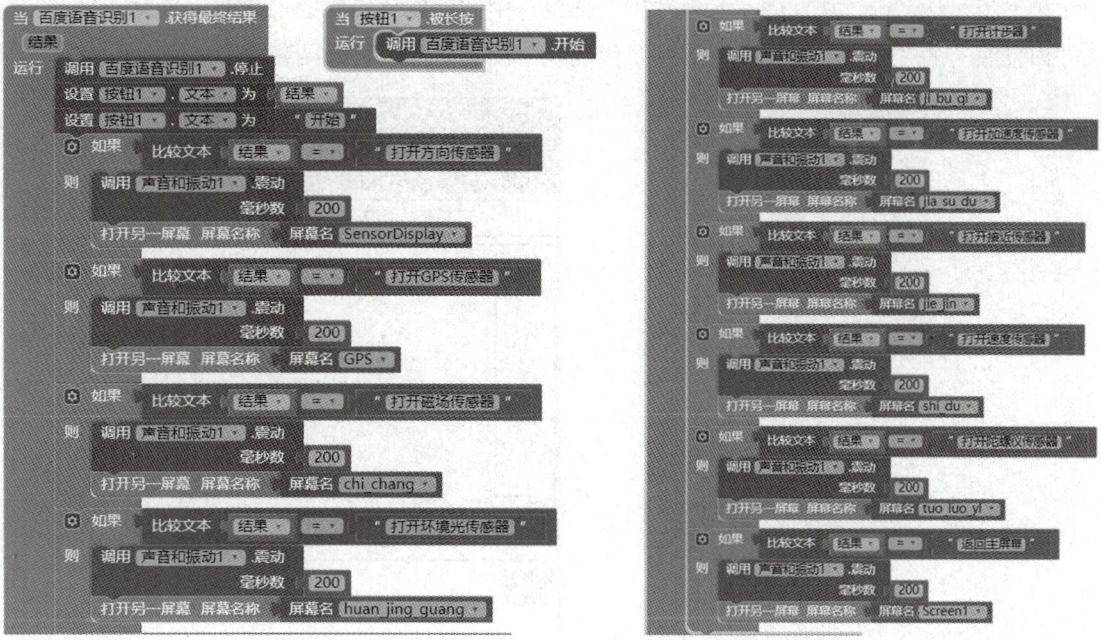

图 3.21　语音方式打开工具箱传感器数据显示屏幕的实例代码

3.2.2　波形显示——实例 3：传感器工具箱波形显示

在如图 3.10 所示传感器数据显示屏幕的基础上，添加传感器数据的波形显示功能，能够以点或线的形式显示传感器数据—传感器数据或传感器数据—时间的图形关系，同时具备尺度缩放、坐标指示和采样频率设置等功能，实施过程如下。

1）波形显示部分的界面设计

从“组件面板”中拖曳如图 3.22（a）所示的组件到工作区，其中，“画布 1”用于绘制波形，通过在“组件面板”中拖曳“图像精灵 1”和“图像精灵 2”到工作区，并通过上传如“时间”和“光照度”字样图片修改其属性，作为“画布 1”的坐标轴标示；同样，拖曳“单选框 1”和“单选框 2”，作为波形显示方式（如点或线）的切换选择；“开关 1”组件，作为画图网格的是否显示的选择开关；“文本输入框 1”组件，用于输入采样时间间隔；“水平滑动条 1”和“水平滑动条 2”组件，分别作为 X 和 Y 坐标轴的缩放尺度；“列表选择框 1”用于选择传感器的数据来源。融合波形显示功能的界面设计如图 3.22（b）所示。

2）传感器数据—时间波形显示编程

在画布中，以点的方式绘制传感器数据随时间变化的波形，具体步骤如下。

第一步，从“组件面板”的“传感器”中，拖曳一个“计时器”组件到工作面板，其默认的计时间隔为：1 000，单位为 ms，即间隔时间为 1 s，作为时间轴变量信号。

第二步，从“内置块”的“变量”中，拖曳一个“创建全局变量”并重命名为：时间，再从“内置块”的“数学”中拖曳“数字”代码块，设置“时间”全局变量的初值为：0。

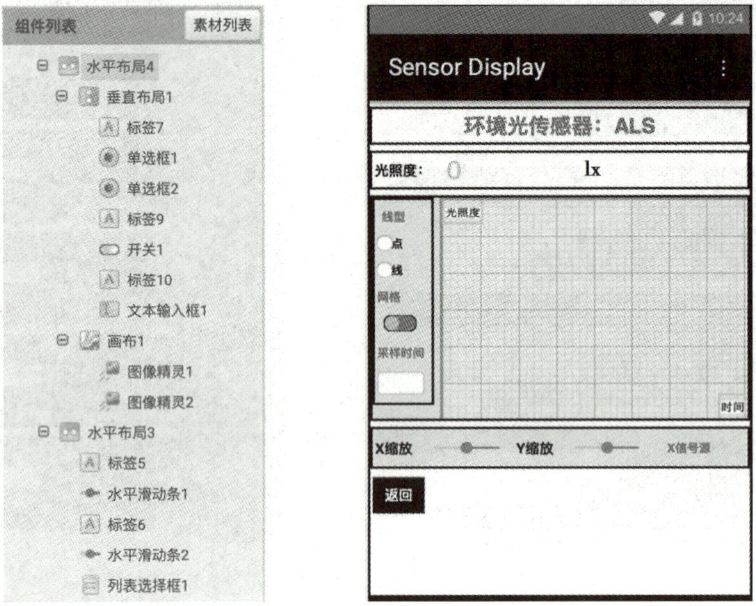

（a）组件　　　　（b）显示功能界面

图 3.22　传感器数据显示屏幕中波形显示部分的参考界面

第三步，切换到“逻辑设计”界面，拖曳“计时器”的“到计时间隔点”响应函数代码块到编辑区，执行下述的代码。

第四步，拖曳“画布”的“画点”函数代码块到工作区。该代码块有两个输入信号，其中 X 坐标输入为：画布横向从左至右的某一像素位置，类似的 Y 坐标输入为：画布纵向从上至下的某一像素位置。

第五步，从“内置块”的“数学”中，拖曳“加法”代码块到编辑区，完成全局变量“时间”的更新，即当前值加一个时间步长（或间隔如 1 s），把累加值作为“画点”函数的 X 坐标输入。

第六步，结合 3.2.1 章节中传感器数据的读取编程，把传感器数据如光线传感器的返回值：光照度，作为“画点”函数的 Y 坐标输入。

这样就可以获得以点方式绘制的每隔 1 s 更新的光照度—时间波形图，代码实例如图 3.23 所示。类似地，可以获得其他传感器数据—时间波形图。

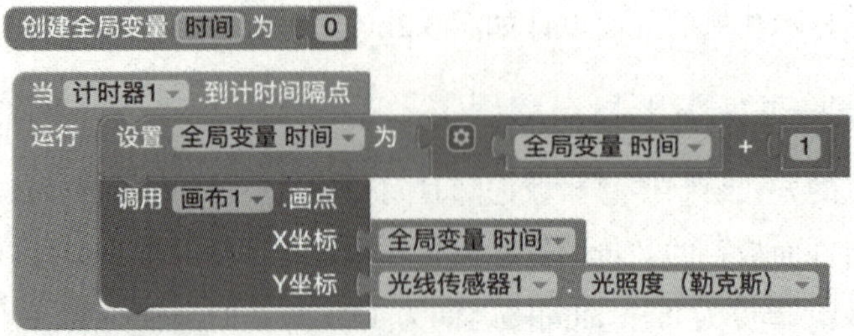

图 3.23　以点方式绘制光照度—时间波形的代码块

除了以点方式绘制数据的波形外，还可以用画布的“画线”函数取代“画点”，实现以线段方式绘制数据波形。“画线”函数需要线段的两个端点的 X 和 Y 坐标，其中第一端点坐标应为上一次画线的终点坐标，这样可以实现首尾相连的画线效果。图 3.23 的画点代码更新为图 3.24 的画线代码，具体步骤如下。

第一步，复制或拖曳两个“创建全局变量”并重命名为：“前时间”和“前数据”，并设置它们的初值均为：0。

第二步，拖曳“画布 1”的“画线”函数代码块到编辑区，上述画点步骤中的第五、六步的 X 和 Y 值分别作为画线函数输入的第二点 X 坐标和第二点 Y 坐标。

第三步，把当前的时间和传感器数据分别保存到全局变量“前时间”和“前数据”中，作为“画线”函数输入的第一点 X 坐标和第一点 Y 坐标。

第四步，拖曳“画布 1”的“线宽”和“画笔颜色”等函数代码块，实现“画线”的属性设置，当然，图 3.23 中画点也可以做类似的个性化属性修改。

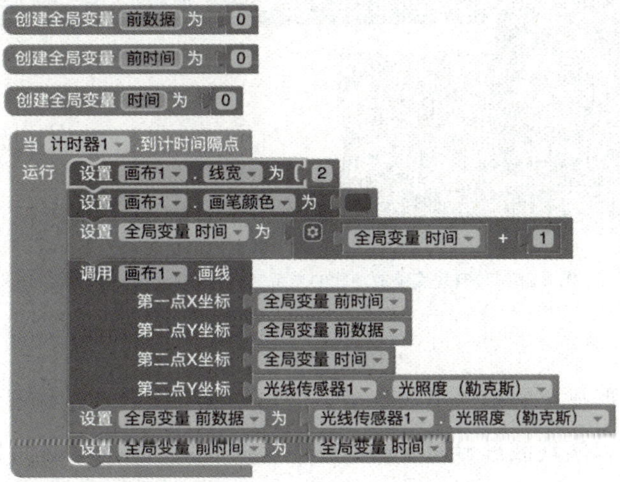

图 3.24　以线段方式绘制光照度—时间波形的代码块

3）X 和 Y 轴方向的波形缩放

实际上，波形是测量获得的传感器数据在画布或屏幕上按像素对应的图形映射。在图 3.23 或图 3.24 的示例代码中，把时间全局变量直接作为 X 方向对应的像素位置，Y 轴位置直接对应传感器数据。显然，当时间或传感器数据与屏幕像素尺寸不匹配时，如时间变量的取值大于画布的宽度时，将导致波形无法正常显示。因此，引入显示数据与屏幕像素坐标之间的尺度变换操作，实现大范围变化的传感器数据或时间的波形显示，具体操作方法如下。

第一步，复制或拖曳 4 个“创建全局变量”组件并分别重命名为：X 尺度，Y 尺度，X 变量和 Y 变量，同时设置它们的初值为：2，2，0，0。

第二步，从“内置块”的“数学”中拖曳“乘法”代码块，对测量数据进行尺度运算，

即传感器数据乘以 *Y* 尺度，时间数据乘以 *X* 尺度，并分别保存在全局变量“*X* 变量”和“*Y* 变量”中。

第三步，用“*X* 变量”和“*Y* 变量”作为画图函数输入。

结合图 3.24 代码块，添加尺度缩放功能后的代码如图 3.25 所示。如此，当改变“*X* 尺度”和“*Y* 尺度”的取值大小时，可以实现 *X* 和 *Y* 方向波形的放大（尺度取值大于 1 时）或缩小（尺度取值小于 1 时）。若在界面中添加水平滑动条并进行编程，就可以实现交互式的波形放缩功能。

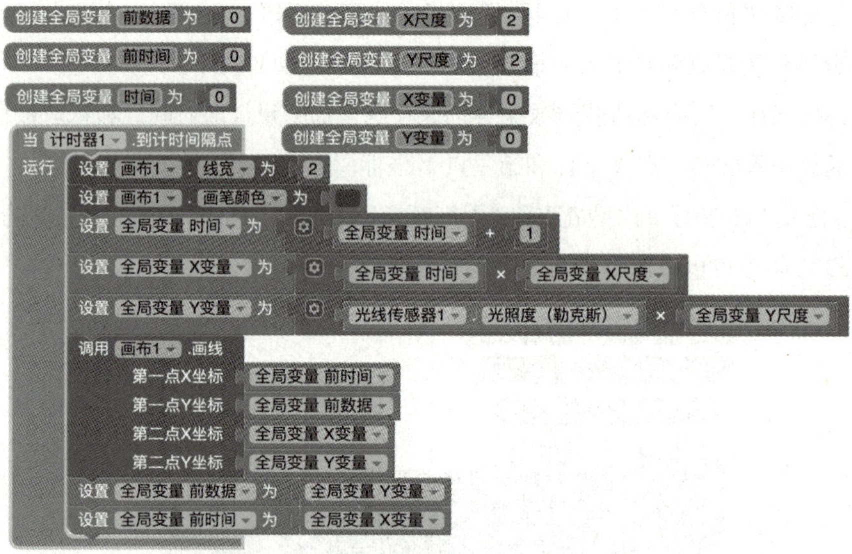

图 3.25 具有尺度缩放功能的光照度—时间波形显示代码块

4）网格和坐标显示

网格和坐标是波形显示的重要组成要素。把预先准备好的坐标纸图片设置为“画布”的背景图片，这样就可以实现波形显示中的网格或坐标效果。另外，还可以拖曳“图像精灵”到“画布”中任意位置，并上传预先准备好的文本图片作为坐标轴标示。例如，采用“图形精灵”设置 *Y* 轴方向的坐标轴为“光照度”，设置 *X* 轴方向的坐标轴为“时间”，如图 3.22（b）所示。

此外，通过“画点”或“画线”的方式也可以由代码编程实现网格设计，为方便调用，可把网格绘制封装成一个函数如图 3.26 所示，其操作基本方法和步骤如下。

第一步，从“内置块”的“函数”中，拖曳“定义函数”代码块到工作区并修改函数名为：网格；然后，点击该函数左上角的函数设置按钮“⚙”，添加函数的输入变量，比如添加输入变量“颜色”。

第二步，从“内置块”的“控制”中，拖曳“从 . 到 . 每隔 . 取”代码块到工作区，该代码块的功能为循环取数。定义返回的取值变量为：*X* 坐标，设置起始值为 1，终止值为画布的宽度（如 250），步长为 10。

第三步，类似上一步操作，定义 *Y* 坐标轴，返回取值变量为：*Y* 坐标。

第四步，拖曳“画布”的“设置画笔颜色”代码块和“画点”函数到工作区，设置“画布 1”的“画笔颜色”为输入变量（颜色），即在以后引用“网格”函数时输入变量“颜色”将决定了绘制网格的颜色。另外，“画点”函数的两个输入：*X* 坐标和 *Y* 坐标，分别来自第二步的 *X* 坐标和第三步的 *Y* 坐标。

第五步，根据控制网格显示的需要，定义“开关”组件，通过按下开关组件来切换显示状态为是否显示网格。通过对“开关”组件编程，当“开关 1”状态被改变时，调用定义的网格函数，按画点方式实现网格绘制，如图 3.26 所示。

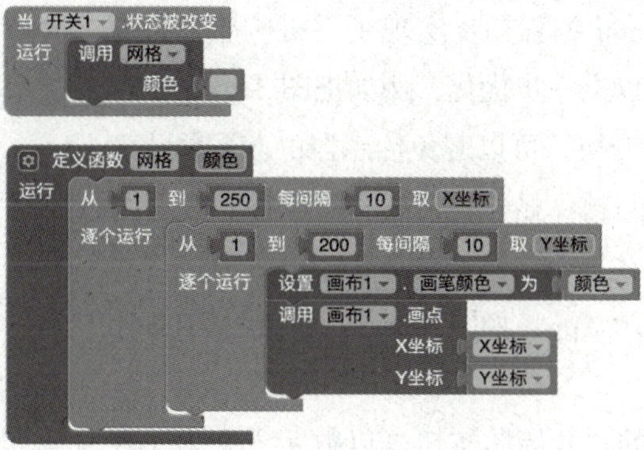

图 3.26　网格绘制的定义函数及其调用

5）采样频率的设置

信号的采样频率大小取决于待测信号的最高频率，需要满足香农或奈奎斯特采样定理，即采样频率不小于最高的信号频率的 2 倍。因此，不同物理现象的传感器数据采集需要设置不同的采样频率或采样时间间隔，具体步骤如下。

第一步，添加一个全局变量并重命名为：采样间隔时间，并设置其初始值为：1 000。

第二步，从“计时器”中，拖曳“计时间隔”代码块，设置其值为“全局变量 采样间隔时间”，并拖曳到图 3.23 中的“当计时器 1 到计时间隔点”函数代码块中。

第三步，从“文本输入框”中，拖曳“文本改变”函数代码块和“文本”获取函数代码块，把输入文本框中的数字作为采样时间间隔。

通过上述操作，可以在传感器数据显示界面中输入采样时间间隔，实现动态改变波形的采样频率，也就是图 3.23 程序更新为图 3.27 程序，其中，通过“双击代码块操作”收藏了部分代码块。

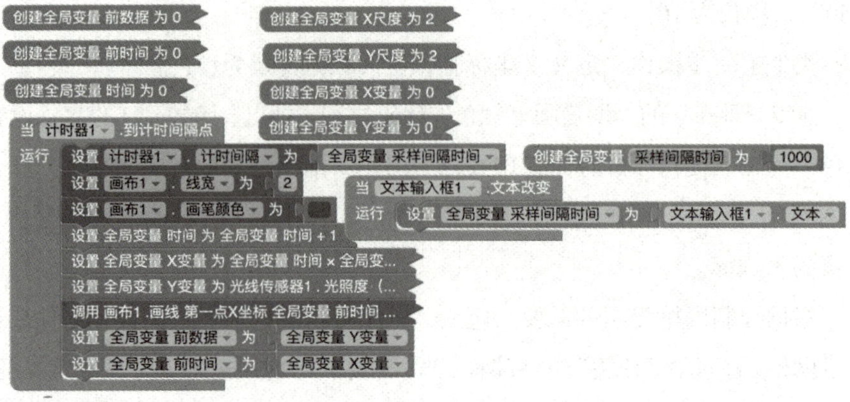

图 3.27　波形显示采样时间间隔的输入及其更新代码

综上，通过 App Inventor 编程初步实现了手机传感器数据的波形显示，当然代码可以进一步优化，例如把图 3.25 中的尺度变换更新为尺度和平移变换，可以避免传感器的获取值小于 0 时出现波形显示异常等问题。显然，传感器数据波形显示界面及其编程方法不限于上述实例中列举的方法。下面是一个个性化的声音传感器数据显示 App，如图 3.28 所示，它具有如下功能，

- 当点击声音传感器的“开始”按钮，以数字方式显示声音传感器数据，包括平均振幅、平均音量和最大音量。
- 以线段方式，实时显示声音的平均音量—时间波形。
- 当点击“停止”按钮时，声音传感器停止数字显示和波形更新。
- 当点击“返回”按钮时，话筒界面跳转回主屏幕。
- 当点击“语音”时，语音播报：平均振幅、平均音量和最大音量等数据信息。

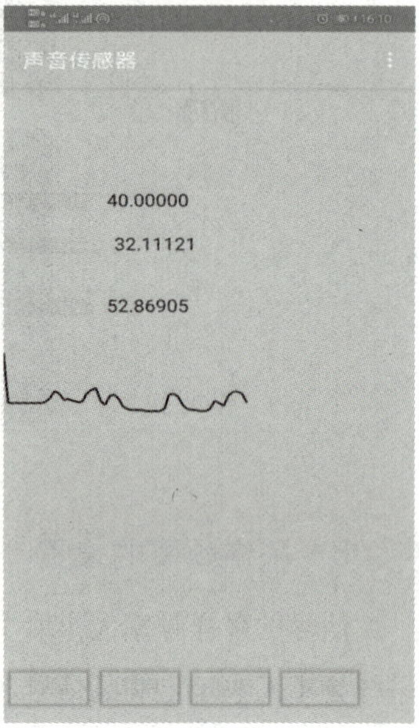

图 3.28　个性化的声音传感器数据显示 App

3.2.3　动画显示——实例 4：传感器工具箱动画显示

利用“绘图动画”中的“图像精灵”“球形精灵”等组件编程，在传感器数据显示界面中，把传感器数据以动画的方式进行虚拟化场景显示，例如模拟传统指针式万用表的读数指示效果。

1）动画显示的界面布局

第一步，在如图 3.22（b）所示传感器数据显示界面基础上，拖曳一个“画布”组件到波形显示区的下方，修改其宽度和高度属性分别为：充满和 15%。

第二步，从组件面板的“绘图动画”中，拖曳一个“球形精灵”“图像精灵”到画布。

第三步，预先准备背景图片，柱状图表示光照度，太阳图片表示光源，然后上传准备好的图片作为两个图像精灵的背景，根据需要调节其位置坐标、高度和宽度对应的属性参数，并移动“球形精灵”至柱状图上，通过编程实现其高低位置指示照度大小变化的功能，如图 3.29 所示。

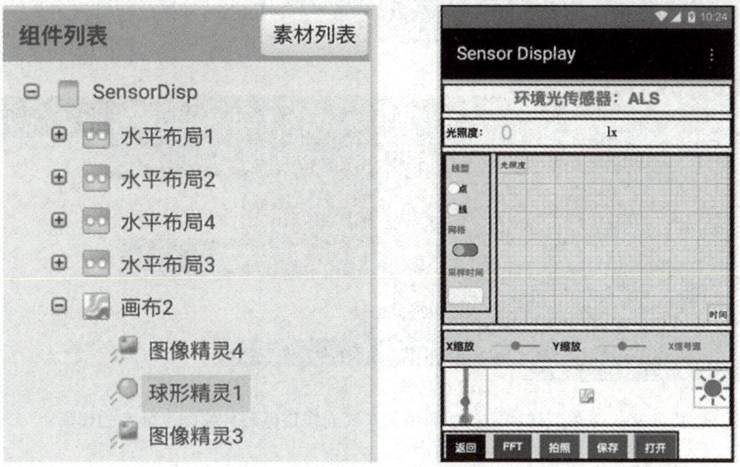

图 3.29　传感器数据显示界面中的动画组件及其界面布局示例

2）动画显示的动态更新编程

把获取的传感器数据关联到动画组件的属性上，如尺寸大小、旋转和位置等，通过计时器进行动态更新，这样就实现了动画显示效果，其编程方法如下。

第一步，拖曳一个“计时器”组件，用于定时更新动画的属性，其计时间隔设置为：500 ms，即 0.5 s。

第二步，在图 3.30 中启动传感器的“标签 1”被点击函数代码块中，添加“图像精灵”和“球形精灵”的“是否启用”代码块，并设置为：真，同时设置太阳图片的图像精灵为：自动旋转图片。

第三步，添加一个“全局变量”组件，重命名为“动画大小”，用于临时保存传感器数据，比如光照度经映射变换到“图像精灵”的宽度和高度值，以及“球形精灵”的高度位置，即 Y 坐标值。

第四步，拖曳“图像精灵”的“宽度”和“高度”设置的代码块，其大小设置为“全局变量 动画大小”，以及“球形精灵”的“移动到指定位置”的代码块，其 X 坐标固定为 16，Y 坐标设置为“全局变量 动画大小”。

至此，当检测到光照度改变时，旋转的太阳图片尺寸大小将随光照度改变而变化，同时，柱状图的指示用球形图像精灵的位置也同步变高或变低，实现个性化的虚拟场景显示。需要注意的是，在通过动画方式指示传感器数据大小的过程中，往往对传感器数据进行特殊的处理，可能引入新的误差。因此，需要对动画指示结果与数字显示结果进行必要的软件矫正和标定，以保证动画显示的精度和可靠性。

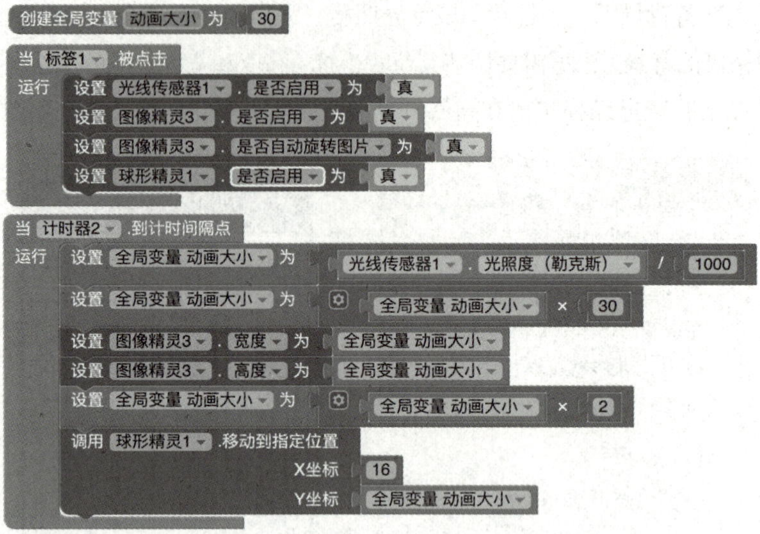

图 3.30　采用图像精灵和球形精灵实现光线传感器数据动画显示的代码

3.3　数据的分析、保存和读取

导读：学习快速傅里叶变换、深度神经网络和第三方 API 函数调用等数据后处理编程方法，掌握数据文件的保存与读取操作。

3.3.1　FFT 与 DNN——实例 5：传感器工具箱数据分析

观察物理现象时，不仅可以直接记录物理量的数值、波形（如传感器 - 时间），还可以通过对传感器数据时间序列的变换处理，如快速傅立叶变换（Fast Fourier Transform，FFT）和深度神经网络（Deep Neural Network，DNN）等，获得多角度的深入理解。其中，FFT 实现时间信号的频域变换，即频谱分析；DNN 通过多层神经网络模型，实现输入数据（如图像）的识别和分类等功能。

1）快速傅立叶变换

长度为 N 的离散时间信号为 $x(n)$，它的频谱 $X(k)$，即 FFT 为：

$$X(k) = \mathrm{FFT}(k) = \sum_{n=0}^{N-1} x(n)\, W_N^{kn}, k = 0,1,\cdots,N-1$$
$$W_N^{kn} = \cos\left(\frac{2\pi nk}{N}\right) - j\sin\left(\frac{2\pi nk}{N}\right) \tag{3.3}$$

FFT 计算除了可以采用手机轻量版的 MATLAB Mobile 等信号处理专用软件外，还可以通过 App Inventor 编程实现，分别计算公式 3.3 中的实部和虚部，然后获得某一频率（如第 2 个频率）的幅度，参考代码如图 3.31 所示。其中，待计算的时间序列由列表输入，并由如图 3.29（b）中传感器显示界面的“FFT”按钮组件的“被点击”代码块启动 FFT 计算。

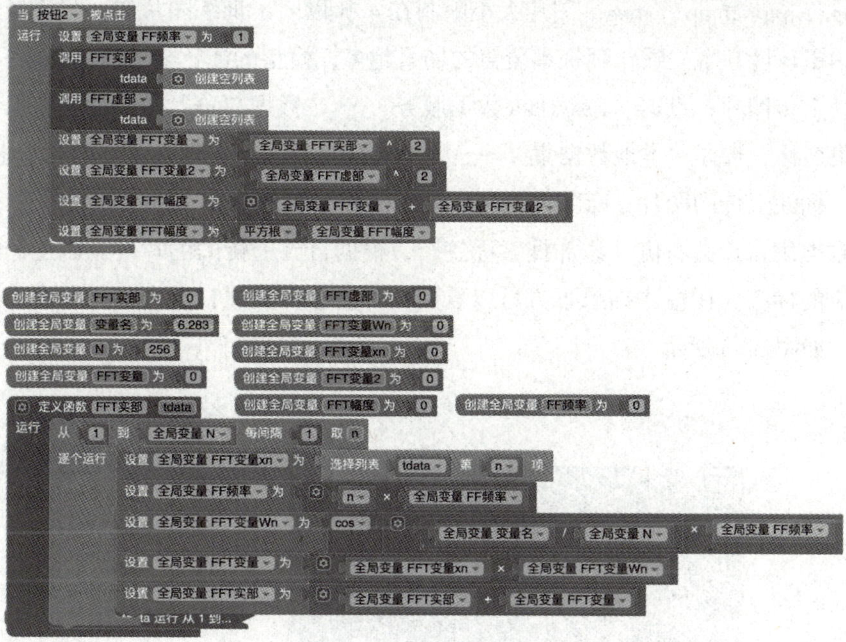

图 3.31　FFT 计算代码示例

2）深度神经网络

对诸如照相机图像这种传感器数据，常常需要采用 DNN 进行深度学习（Deep Learning，DL），实现图像的识别和分类应用。本小节借助深度学习平台“百度 EasyDL”产生的第三方数据调用与处理的应用程序接口（API），利用 App Inventor 的 HTTP 客户端的通信连接编程，实现个性化的图像 DNN 处理，具体方法和步骤如下。

第一步，平台登录。登录“百度 EasyDL”。点击“快速开始”，选择“模型类型”，如“图像分类”“进入操作台”，开始创建模型，点击“创建模型”，填写模型相关信息，完成模型列表的创建，如图 3.32 所示。

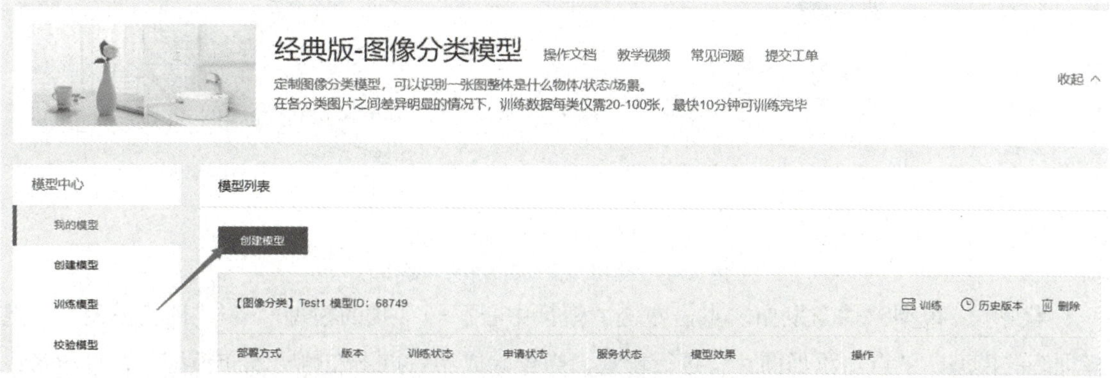

图 3.32　百度 EasyDL 的模型列表的创建

第二步，数据创建。其方法如下。

• 首先，创建数据集；根据待识别的对象准备图片，每个分类至少 20 张图片，图片类型为 .png、.jpg、.bmp、.jpeg，图片大小限制在 4 M 以内。训练图片和实际场景与要识别的图片拍摄环境基本一致，训练集覆盖的场景越多，模型的泛化能力就越强。

• 然后，上传图片；点击“EasyData 数据服务”→“数据总览”→“创建数据集”，填写数据集名称，选择“本地数据集”→“无标注信息”，将本地准备好的图片上传。

• 最后，标注上传的图片；点击左侧“EasyData 数据服务”→“数据标注”，选择刚刚上传的数据集，点击右侧“添加搜索标签”，根据自己上传的图片对象创建标签；然后点击相应的标签，在标注结果下方可以看到图片的标注情况，点击“保存当前图片”完成标注，如图 3.33 所示。

图 3.33　数据的准备、上传和标注

第三步，模型训练。在“模型中心”→“我的模型”中选择“训练模型”，添加要训练的数据集，点击“开始训练”，完成训练后，其效果如图 3.34 所示。

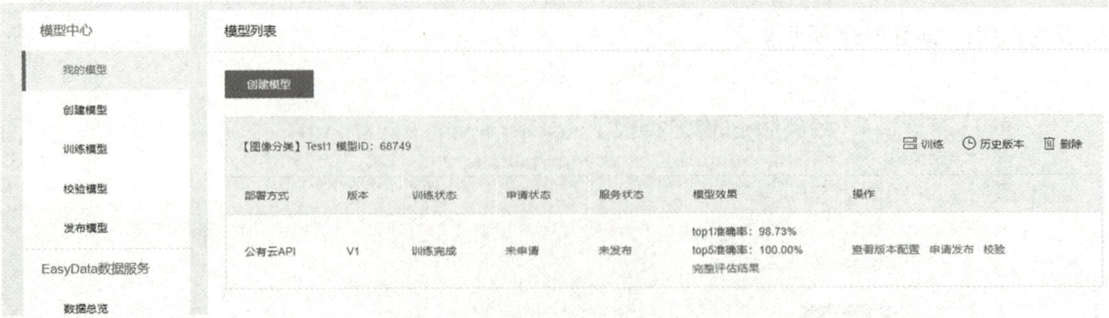

图 3.34　模型训练完成后的效果和操作

第四步，模型评估与发布。点击左侧“模型中心”→“我的模型”→“校验模型”，选择训练的模型，“点击添加图片”进行校验，当校验成功后点击左侧“发布模型”，自命名：

服务名称和接口地址，点击“提交申请”。提交申请后需要等待一段时间才能发布成功，成功发布后的返回信息如图 3.35 所示。

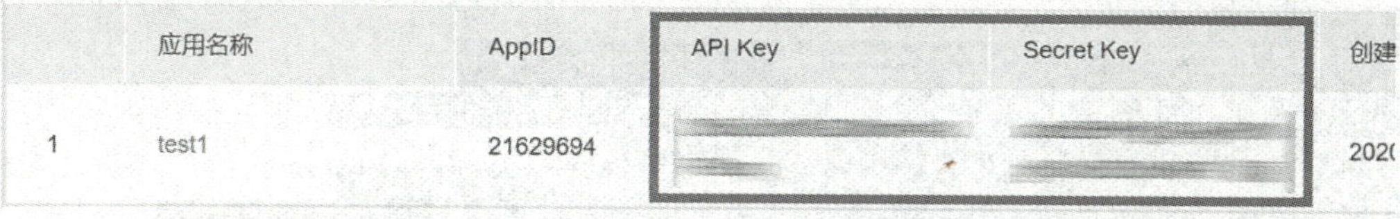

图 3.35　EasyDL 生成的 API Key 和 Secret Key 等信息

第五步，权限获取。根据“EasyDL”生成的 API Key 和 Secret Key，利用 App Inventor 的“HTTP 客户端”提取访问权限值（access_token）代码如图 3.36 所示，具体过程如下。

- 首先，把“EasyDL”生成的 API Key 和 Secret Key 设置为两个全局变量。
- 然后，拖曳一个“获取 token_HTTP 客户端 . 网址”代码块，其“网址”输入由以下四部分的“合并文本”构成，即“https：//aip.baidubce.com/oauth/2.0/token?grant_type=client_credentials & client_id=”，API Key，“&client_secret=”，Secret Key。
- 然后，拖曳“获取 token_HTTP 客户端 . 执行 Get 请求”代码块。
- 最后，拖曳“获取 token_HTTP 客户端 . 获得文本”代码块，在其返回值“响应内容”中，提取访问权限，即设置全局变量“access_token”。

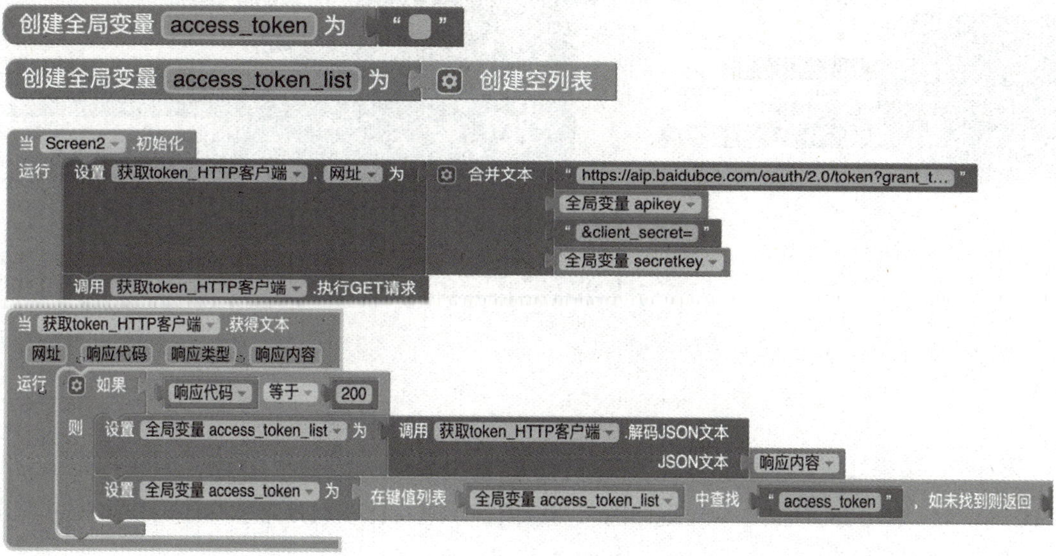

图 3.36　由 API Key 和 Secret Key 获取调用 API 的 access_token 的代码

第六步，API 调用。从组件面板的“通信连接”中拖曳“HTTP 客户端”组件至工作面板，并定义函数“识别图像”，执行语句如图 3.37 所示，具体步骤如下。

- 首先，定义要识别图像的文件地址。
- 其次，添加“HTTP 客户端”的“网址”和“请求头双层列表或字典”代码块，其中利用“合并文本”组合 API 地址，如“https：//aip.baidubce.com/rpc/2.0/ai_custom/ ***?access_token=”和提取访问权限全局变量：access_token，如图 3.36 所示。

• 最后，添加“HTTP 客户端”的“执行 POST 文本请求”代码块，其输入的文本来自“创建字典”转换，其中待识别的图像需要通过“SimpleBase641”编码转换。

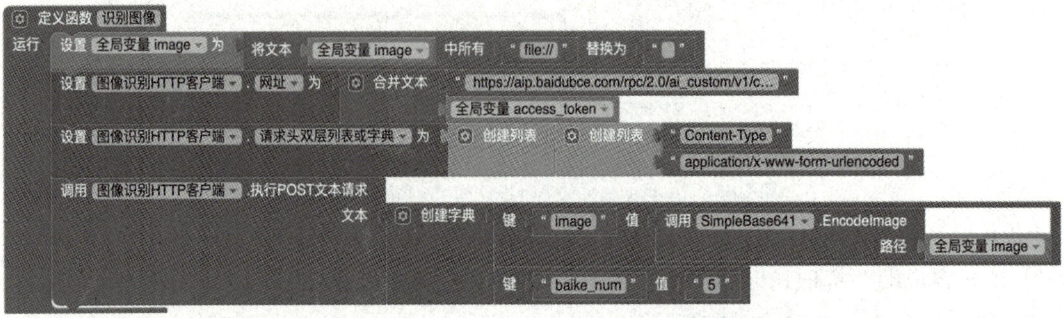

图 3.37　HTTP 客户端调用 API 识别图像的代码

第七步，图像识别。从“组件面板”的“多媒体”中，拖曳“照相机”到工作面板，并添加“拍照”按钮如图 3.29（b）所示。当“拍照”按钮被点击时，调用“照相机”的“拍照”代码块，并在“拍摄完成”函数中经保存、处理和显示后作为 API 调用的输入，即图 3.37 定义的“识别图像”函数输入，如图 3.38 所示。

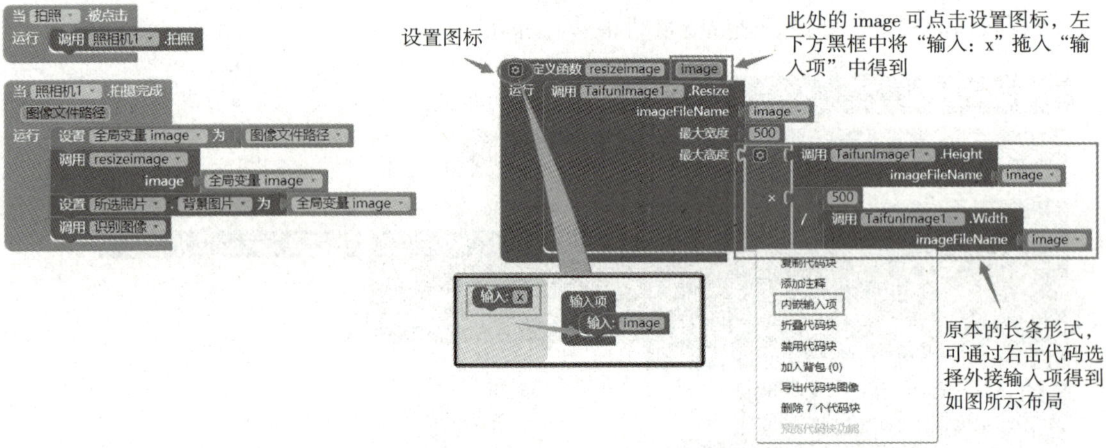

图 3.38　照相机拍照图片作为识别图像的代码

第八步，结果处理。拖曳“HTTP 客户端”的“获得文本”代码块，在响应执行中利用“调用 HTTP 客户端 . 解码 JSON 文本”对返回的“响应内容”进行比较与处理，其代码如图 3.39 所示。

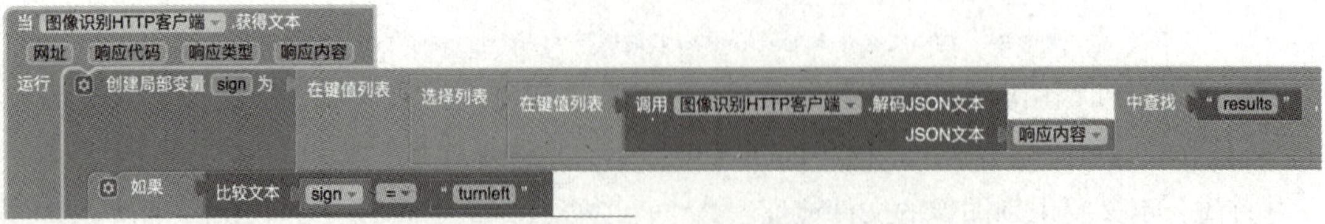

图 3.39　HTTP 客户端执行后返回值的获取与比较代码

3.3.2　保存与读取——实例 6：传感器工具箱文件处理

采集的传感器数据可以用标准文件格式，如 CSV 格式（逗号分隔值），保存在本机存储器中，以便后续的数据分析处理以及其他计算机访问使用。反之，也可以从文件中读取传感器数据并进行显示、处理。在如图 3.29（b）所示传感器数据显示屏幕的基础上，增加 CSV 文件格式的采集数据保存和读取功能，其步骤如下。

第一步，在手机存储上，新建一个 CSV 文件并命名为：cqnuST.csv 或 cqnuST.txt，也可以将计算机创建的文件复制到手机存储的根目录下，如图 3.40（a）所示。

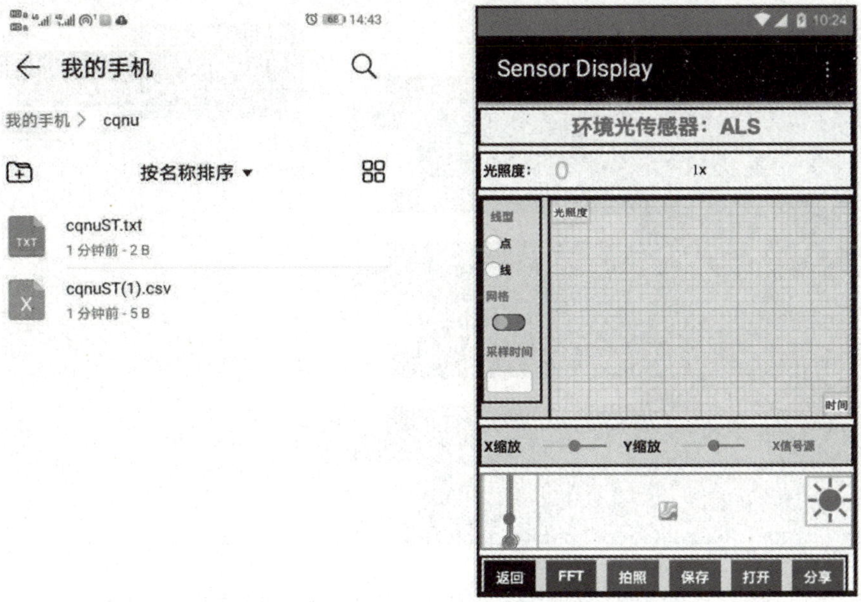

（a）手机存储器根目录的新建文件（cqnuST. csv 或 cqnuST.txt）

（b）传感器数据显示屏幕中文件保存和打开的按钮

图 3.40　采集数据保存和读取功能

第二步，从“组件面板”的“数据存储”中，拖曳“文件管理器”到工作面板，此组件以不可见组件方式显示在屏幕下方，另外，添加两个按钮并重命名为：保存和打开，如图 3.40（b）所示。

第三步，切换至“逻辑设计”界面，创建“全局变量”并重命名为：路径，设置它的初始值文本为手机路径，即 /sdcard/cqnuST.csv，用于指定待保存数据的文件路径，如图 3.41 所示。

第四步，拖曳“保存”按钮的“. 被点击”函数，在执行语句中添加“文件管理器 . 异步追加文本”代码块，其中输入“文本”为需要保存的数据，如光线传感器的光照度，在另外一个输入“文件路径”设置为图 3.41 中的全局变量“路径”，代码如图 3.42 所示。

图 3.41　创建全局变量用于指定用来保存数据的文件路径

图 3.42　传感器数据（光照度）的文件保存代码

实际上，考虑到存储数据的规范和格式，常通过文本的“合并文本”代码块对“待保存”数据、分隔符“，”以及换行控制“\n”进行组合，图 3.43 中给出了方向传感器的数据文件保存代码。

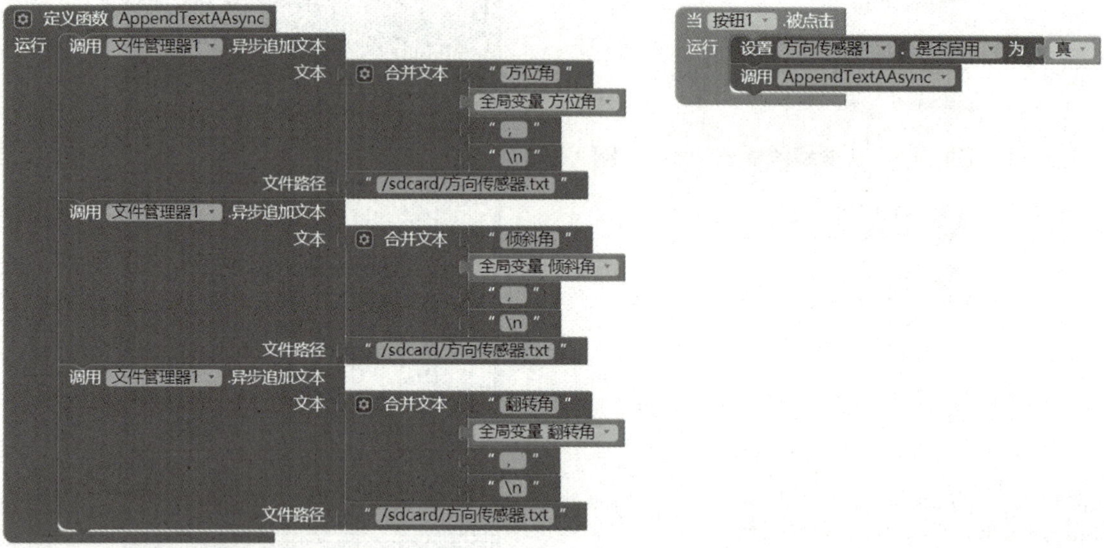

图 3.43　按一定格式进行方向传感器数据文件保存的代码

第五步，当“打开”按钮被点击时，传感器数据显示界面可以打开本机存储器的 CSV 格式文件，类似于文件的保存过程，文件打开的过程如下。

- 首先，确定文件路径。指定读取文件的路径如图 3.41 所示。
- 其次，调用文件的“读取”函数。在“打开”按钮的“. 被点击”代码块中，调用文件管理器的“异步读取文本”函数，其输入文件路径设置为读取文件的路径，即“全局变量路径”。
- 最后，解析文件数据。拖曳“文件管理器 . 获得文本”函数，其返回值“文本”为指定文件的读取结果。其中，往往需要通过格式转化获得需要的数据，例如用“内置块”的“CSV 表文本转列表”代码块把“文本”进行格式转化，然后放在“列表显示框”进行显示。另外，可以通过“分解”函数根据“文本”的分隔符“，”和换行控制“\n”进行文本分解，如图 3.44 所示。

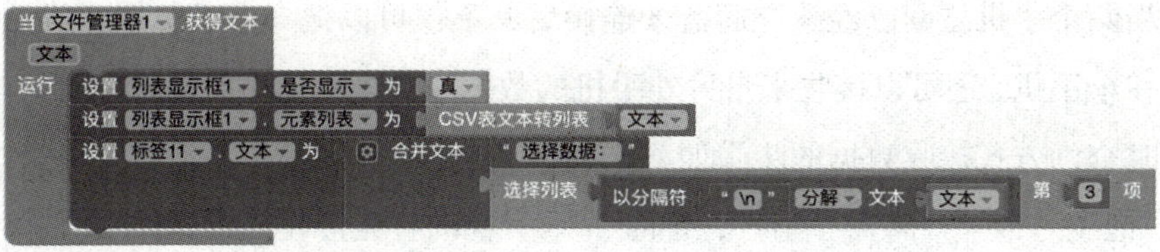

图 3.44　文件打开所返回文本的格式转换、显示和截取操作

3.3.3　蓝牙与网络存储——实例 7：传感器工具箱远程分享

在图 3.40（b）所示传感器数据显示界面的基础上，增加传感器远程数据分享功能，包括手机之间的蓝牙通信以及网络数据库存储等方式。

1）手机客户端的蓝牙数据发送与接收

从“组件面板”的“通信连接”中，拖曳“蓝牙客户端”组件到工作面板，当“分享”按钮被点击时，执行以下程序。

- 首先，检测有无蓝牙连接，若连接成功，则调用“蓝牙客户端 . 发送文本”代码块，进行数据发送。
- 其次，若蓝牙未连接，把当前配对设备的“地址及名称列表”，显示在“列表显示框”。
- 然后，当用户完成某一蓝牙设备选择后，调用“蓝牙客户端 . 连接”代码块，其输入“地址”为列表显示框返回值“选中项”；若连接成功就可以发送数据了。
- 最后，当用户不再需要蓝牙通信时，通过“按钮 . 被长按”代码块，调用“蓝牙客户端 . 断开连接”代码块。

这样，一个手机的采集数据就可以通过蓝牙通信发送到另外一个手机上，示例代码如图 3.45 所示。当然，接收数据的手机需要对应的蓝牙服务端程序或安装通用的蓝牙助手程序。

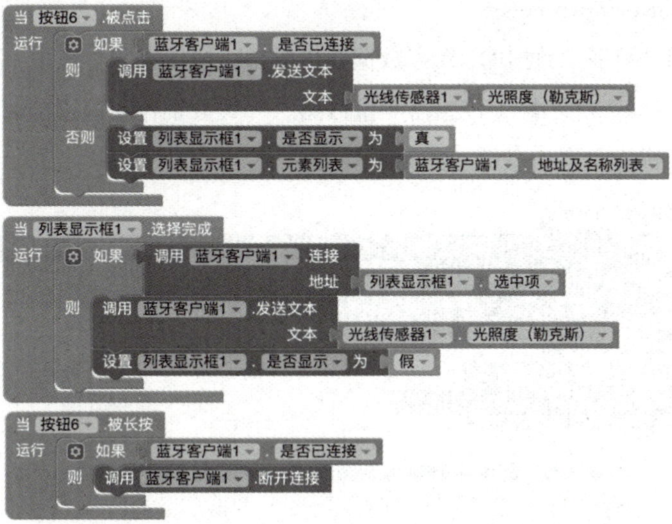

图 3.45　蓝牙客户端发送传感器数据（光照度）的代码

此外，当两个手机之间已经建立起蓝牙连接后，不仅可以把一个手机传感器工具箱的数据发送到另外一个手机，还可以接收来自另外手机的数据或命令，实现手机远程测量与控制操作。其中，由定时查询方式接收数据的步骤如下。

- 首先，拖曳一个“计时器”组件，定时（1 s）查询有无接收到数据。
- 然后，若蓝牙已连接，通过“蓝牙客户端 . 获取接收字节数”代码块判定有无接收到数据。
- 最后，当接收到数据时，调用“蓝牙客户端 . 接收文本”代码块，读取接收到的数据，并保存 到 “全局变量 蓝牙接收数据”，用于后续处理，如图 3.46 所示。

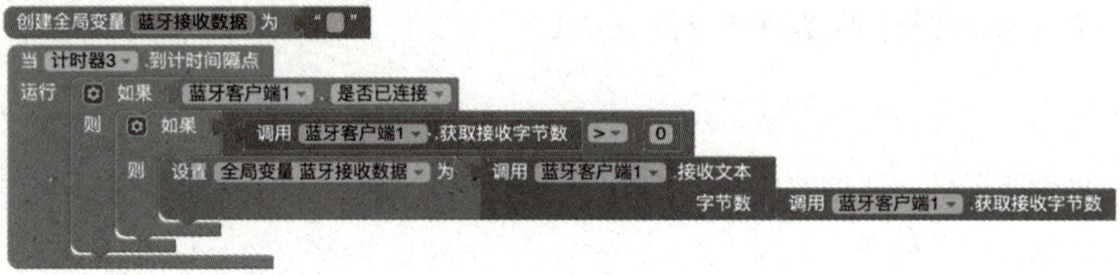

图 3.46　手机蓝牙客户端通过定时查询方式接收数据的代码

2）基于手机网络微数据库的数据存储

网络微数据库是 App Inventor 提供的免费网络存储数据服务，可以实现本地手机数据的网络保存和读取，具体步骤如下。

- 第一步，从“组件面板”的“数据存储”中，拖曳“网络微数据库”组件到工作面板。
- 第二步，在启动操作如“水平布局 . 被点击”代码块中，添加“网络微数据库 . 服务地址”为 http：//tinywebdb.Appinventor.space/webdb-share-everyone，其中，share 是用户名，everyone 是密钥，支持使用 API 查询数据记录，网络微数据库 API 地址是：http：//tinywebdb.appinventor.space/api；
- 第三步，调用“网络微数据库 . 保存数据”代码块，把传感器物理量，“标签 2. 文本（光照度）”和“标签 3. 文本（传感器测量数据）”，分别作为该函数的两个输入。另外，保存成功后，进行文本信息提示如图 3.47 所示。

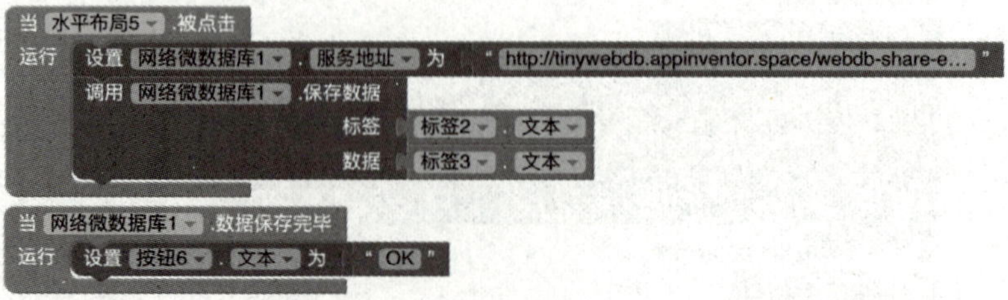

图 3.47　网络微数据库的服务地址设置和标签、数据的保存

• 第四步，同理可进行数读取。如第二步设置好服务器地址后，调用“网络微数据库 . 获取数据”代码块，并给定待获取的 “标签”，如标签 2. 文本，即光照度。

• 第五步，拖曳“网络微数据库 . 获得数据”代码块，提取返回值“标签”和“数据”，分别保存在创建的全局变量中，作后续使用，如图 3.48 所示。

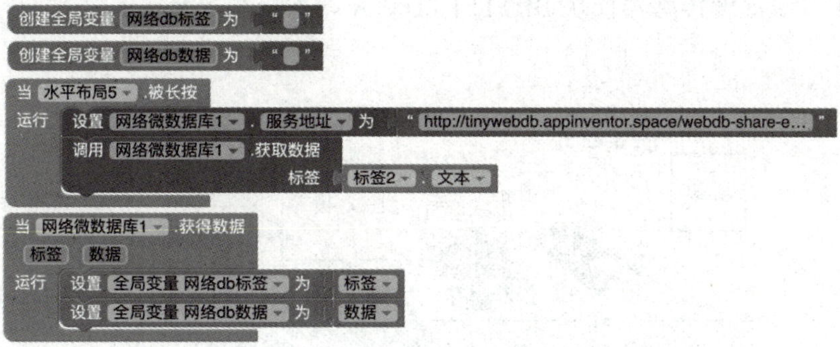

图 3.48　网络微数据库的服务地址设置和标签、数据的读取

3.4　手机蓝牙通信外扩的传感器

导读：以温度湿度传感器为“蓝牙模块 + 单片机最小系统”的感知数据输入，形成手机蓝牙通信方式的外扩传感器节点，突破手机内置传感器的限制，拓展手机数据采集能力。

任务：尝试搭建外扩传感器节点，完成手机与传感节点的蓝牙通信编程，完善传感器工具箱的温度和湿度数据采集和显示功能。

3.4.1　传感器 + 蓝牙 + 单片机——实例 8：传感器工具箱的蓝牙外设

传感器工具箱界面中外扩传感器的方式有两类：耳机插孔和蓝牙，如图 3.8 所示。耳机插孔是有线连接方式，外部传感器检测电路把温度、湿度等物理量转换为音频信号输入，在编程时按照 3.2 所述的手机内置声音传感器的方式实现数据采集，具体参考 7.2.1 所介绍的热敏电阻检测温度的案例。因此，接下来重点介绍手机外扩传感器的蓝牙通信方法。

把温湿度、烟雾和红外等传感器与低成本的单片机核心板（STM8）结合，并通过标准的蓝牙通信模块实现通信连接，构成传感器工具箱的蓝牙外设，实现手机对外部传感器的数据采集。图 3.49 给出了手机拓展外部传感器的总体框图及其应用实例图片。其中，手机外扩的蓝牙外设具有以下 3 个主要特征。

- 单片机 STM8 核心板，容易获取且价格低廉（不足 3 元）。
- 蓝牙模块，采用标准的串口通信接口（UART），编程操作简单而经典。
- 各类传感器模块，支持单片机供电，并兼容单片机模拟和数字输入。

以手机外扩温湿度传感器为例，STM8 核心板与蓝牙模块和传感器模块之间，采用杜邦线连接，其中，温湿度传感器模块 DHT11 的 DATA 端连接在单片机 PA1 端口，其原理图如图 3.50 所示。

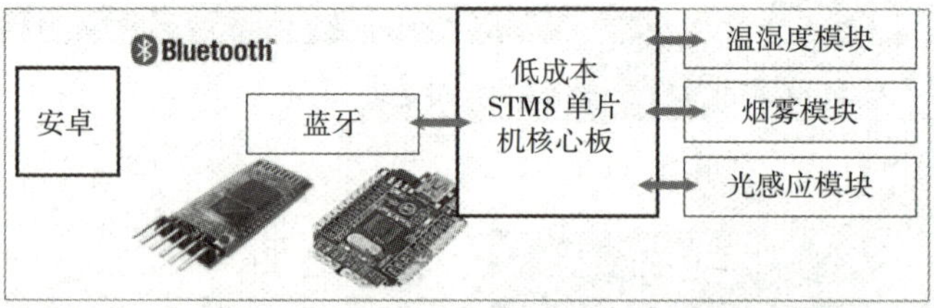

（a）总体框图

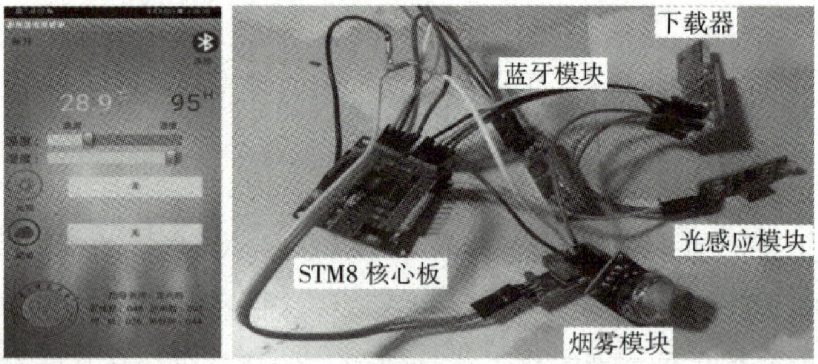

（b）App 和硬件的实例

图 3.49　外部传感器融入手机 App

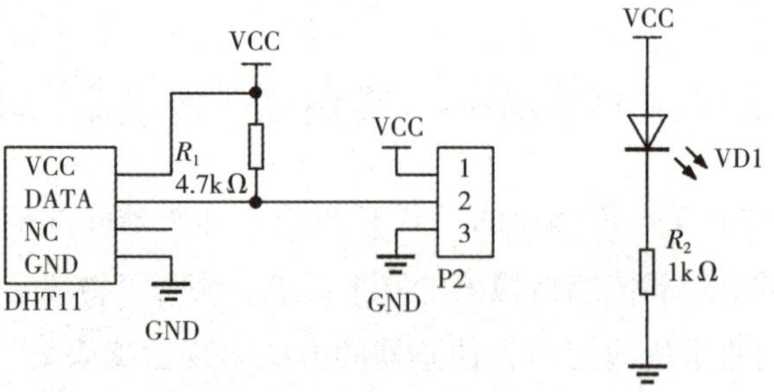

图 3.50　温湿度传感器模块 DHT11 的端口配置

同理，把各模块的电源和地分别连到单片机的电源和地；如果还需要增加烟雾气体传感器模块和光感应模块，其数据端分别连到单片机端口的 PD2 和 PD1，而蓝牙模块的发送（TXD）端连到单片机 UART 的接收（RXD）端，单片机 UART 的发送（TXD）端连接到蓝牙模块的接收（RXD）端，实物连接如图 3.49（b）所示。

完成上述外设的硬件配置后，对单片机进行软件编程，其实施方法参见 7.3.4，实现外扩传感器的管理和数据收发，编程时注意以下事项：

- 对于烟雾模块，它的输出量为数字量 0 或 1，只需对单片机端口进行高低电平的简单查询或外部中断操作，就可以实现有无烟雾的检查。
- 对于蓝牙模块，借鉴丰富的串口编程代码，实现单片机与蓝牙模块的数据交互编程。
- 对于温湿度模块，单片机发送一次开始信号后，DHT11 从低功耗模式转换到高速模式，并发送响应信号，送出 40 位（bit）数据，高位先出，数据格式为：8 bit 湿度整数数据 +8 bit 湿度小数数据 +8 bit 温度整数数据 +8 bit 温度小数数据 +8 bit 校验和数据。

3.4.2　温湿度传感器 App 编程——实例 9：传感器工具箱温湿度测量

参考 3.3.3 中蓝牙通信编程，当图 3.8 传感器工具箱界面中“蓝牙”按钮被点击，进入外扩传感器数据采集界面，如图 3.49（b）所示，其蓝牙连接、数据接收与处理以及测试过程如下。

第一步，蓝牙连接。创建 3 个全局变量，并添加“蓝牙客户端”组件，实现蓝牙设备的地址选择和连接，同时启动数据接收用的计时器，如图 3.51 所示。

第二步，蓝牙数据接收与处理。在“计时器 . 计时”代码块中，查询有无接收数据，并把接收数据保存到“全局变量 接收数据”中，经数据格式解析后，判定数据及命令，更新显示界面，如图 3.52 所示。

第三步，传感器的蓝牙外设测试。结合图 3.49 所示的蓝牙外设硬件，传感器工具箱的蓝牙外扩界面及实际传感器数据测试结果如图 3.53 所示。

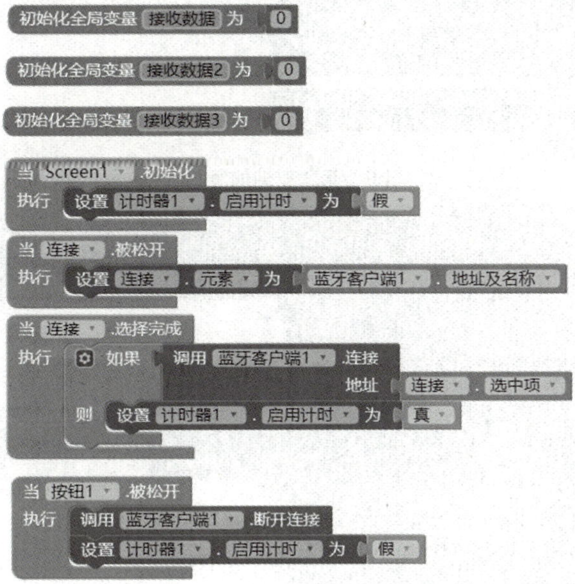

图 3.51　手机连接外设的蓝牙配置代码

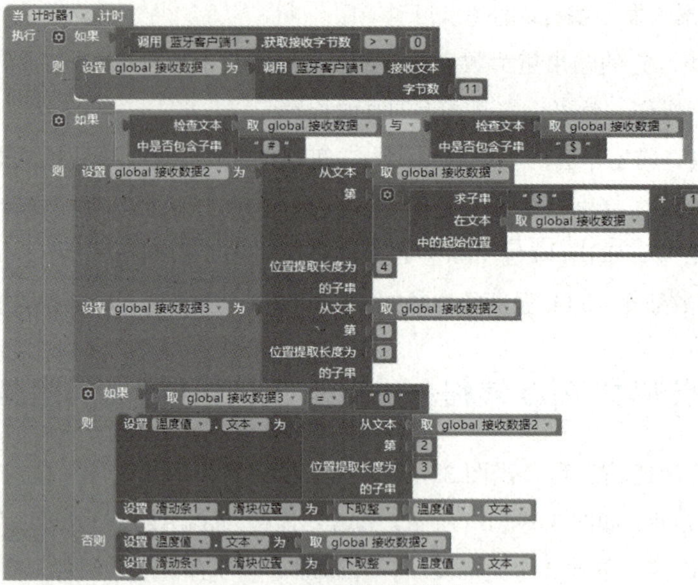

（a）蓝牙数据的接收

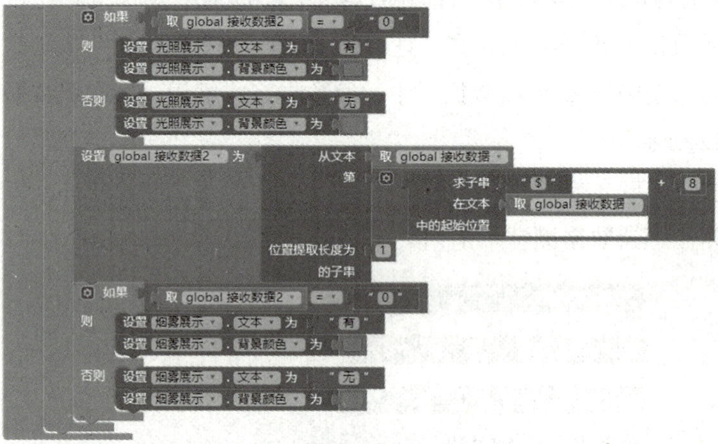

（b）蓝牙数据的解析

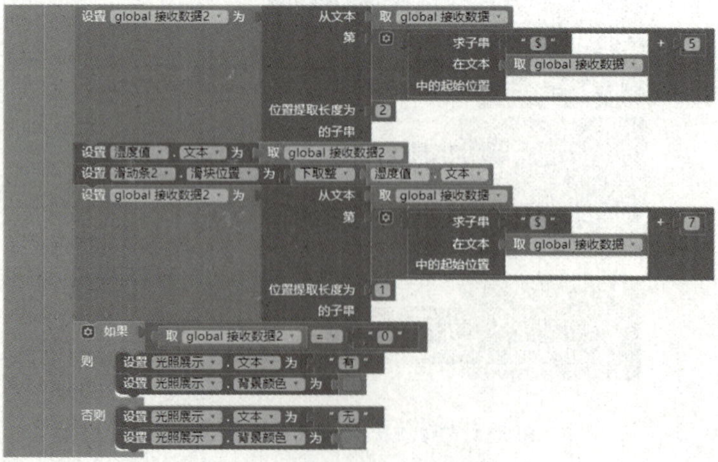

（c）蓝牙数据的显示更新

图 3.52　蓝牙数据的接收、解析与显示更新

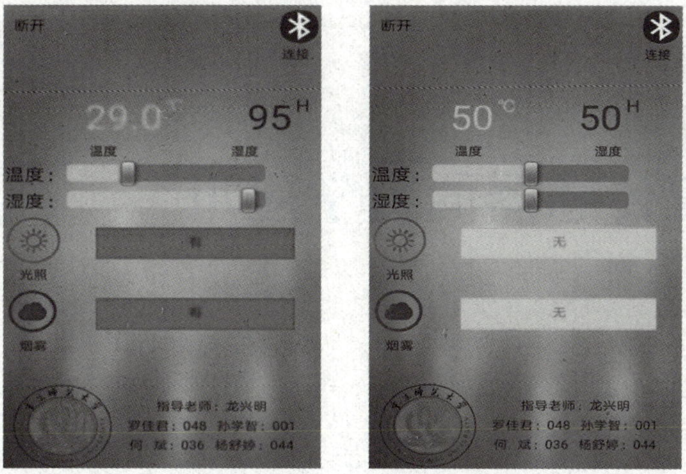

图 3.53　外扩温湿度等传感器的手机 App 测试效果

3.5　学习与思考

导读：体验不同手机、不同 App 的数据测量，分析其差异性来源，开发个性化的物理实验手机 App，亲历一次手机 App 外扩传感器的实践。

任务 1：开发个性化的 cqnuSensor Toolbox 传感器工具箱 App，查找并下载至少一款现有的手机传感器 App，如 Sensor Box，与自制手机 App 内置传感器进行对比测试。

要求 1：首先，给出下载的对标软件的基本介绍，包括：软件名，安装包 APK 以及主要特征；其次，给出各个传感器在相同测试条件下，自制软件和对标软件的测试对比，并计算相对误差；最后，阐述误差原因。

任务 2：同时把自主开发的 cqnuSensor Toolbox 传感器工具箱 App 软件和对标软件安装在 3 种不同型号的手机上，对至少 3 个物理场景，进行同等条件下的传感器数据采集对比实验。

要求 2：首先，给出安装手机的具体型号及其安装后的运行界面截屏和实物照片；其次，简明扼要表述实验的条件、内容和步骤，给出测试前后的 App 界面截屏；最后，以表格和画图两种方式，把测试结果进行对比和误差分析，并分析误差原因。

任务 3：自定义一个物理实验场景，如电子称重，采用“手机蓝牙通信方式的外扩传感器节点”的方法和步骤，实现一个手机外扩传感器节点及其手机 App。

要求 3：首先，给出外扩传感器的基本信息如型号、功能和参数等；其次，给出搭建的外扩传感器节点的硬件照片，突出实物连线关系；然后，给出传感器节点和手机 App 的必要编程代码和流程；最后，上交实物作品、1 min 内功能演示视频、单片机和 App 源代码及其安装包 APK 等。

第 4 章

手机内置传感器的力学应用

教学目标：

从手机内置力学传感器的应用出发，了解力学的基本概念、事实、规律和应用，学习教学案例的设计方法与实施步骤，构建力学模块的移动学习内容，开发个性化的力学教学活动的手机 App，促进力学基本概念和规律的深入理解。

重点难点：

运动轨迹、概念和规律、活动设计。

教学内容：

①以力学领域的著名物理学家及其贡献为线索，回顾力学的基本概念和规律，了解力学发展历程和态势。

②学习动摩擦系数测量、弹簧振动观测和抛物线运动实验等 3 个手机 App 教学案例，掌握力学案例构建与实施的方法和步骤。

③以休闲娱乐中荡秋千为引入案例，学习运动轨迹可视化为核心的 App 教学的设计与实践。

4.1 力学领域名人与实验

导读：以时间为线索，了解力学领域的重要历史人物及其贡献，熟悉力学的基本概念和规律，理解物理学知识的相对性和动态性。

力学（Mechanics）是研究从宇观、到宏观、再到微观的自然世界物质在时间、空间中的能量和力及其它们与固体、液体及气体的平衡、变形或运动的关系，包括移动、转动、流动、变形、震动、波动和扩散等位置变化及其力学或机械运动规律的科学，是物质运动最基本的形式。“力是物质间的相互作用，使物体的静止或运动状态发生变化”，这是 17 世纪末英国物理学家牛顿（Newton，1643—1727）继承和发展古希腊阿基米德（Archimedes，公元前 287—212）的静力学平衡理论、意大利伽利略（Galileo，1564—1642）的自由落体运动定律，以及德国开普勒（Kepler，1571—1630）的行星运动三定律等前期成果基础上，提出的力学运动三定律的最根本总结。由此，牛顿三定律奠定了力学从单个自由质点，到受约束的质点和质点系，再到刚体和理想流体的完善经典力学理论，同时推动了弹性力学和流体力学的建立，形成了力学与生命科学、环境地理等其他学科的交叉和融合发展。

从物体运动三定律形成过程看，1687 年，牛顿在《自然哲学的数学原理》中总结提出牛顿三条运动定律，包括牛顿第一定律、第二定律和第三定律。其中，第一定律说明了力的含义：力是改变物体运动状态的原因；第二定律指出了力的作用效果：力使物体获得加速度；第三定律揭示出力的本质：力是物体间的相互作用。后来，德国的基尔霍夫（Kirchhoff，1824—1887）、奥地利 - 捷克的马赫（Mach，1838—1916）对牛顿运动定律的表述进行了修正。尤其是美国的爱因斯坦（Einstein，1879—1955）的相对论推翻了牛顿建立的大部分科学体系，并指出：牛顿运动定律的适用条件是质点、惯性参考系以及宏观、低速运动问题，也就是经典力学问题。

从流体力学发展过程看，阿基米德率先从理论上建立了物体浮力定理，奠定了流体静力学的基础。公元前 3 世纪，我国李冰父子修建的都江堰则是流体力学经典应用示范。后来，流体力学的基本概念和规律不断完善，法国的帕斯卡（Pascal，1623—1662）阐明了静止流体中压力的概念，牛顿提出了物体在液体中运动受到阻力的牛顿黏性定律，法国的达朗贝尔（d’Alembert，1717—1783）证实了阻力与物体运动速度平方的关系。此外，法国的皮托（Pitot，1695—1771）发明了测量流速的皮托管。瑞士的欧拉（Euler，1707—1783）和伯努利（Bernoulli，1667—1748）等人开启了用微分方程进行流体运动定量研究的新纪元，其中，欧拉引入连续介质的概念，描述无黏流体的运动。进一步，针对流体的黏性并不起重要作用，即考虑无黏性流体，法国的拉格朗日（Lagrange，1736—1814）研究了无旋运动，而德国的亥姆霍兹（Helmholtz，1821—1894）研究了涡旋运动。对于将黏性考虑在内的流体运动，法国的纳维（Navier，1785—1836）和英国的斯托克斯（Stokes，1819—1903）建立了流体动力学理论公式——纳维 - 斯托克斯（N-S）方程，在此基础上英国的雷诺（Reynolds，1842—1912）逐步将 N-S 方程作了简化，从推理、数学论证和实验测量等角度，建立了边界层理论，并广泛地应用到飞机和汽轮机的设计中。其中，我国的钱学森（1911—2009）提出的卡门 - 钱学森公式为高亚声速飞机设计提供了理论依据。该理论应用到如图 4.1 所示的小型固定飞机中的电空气动力推进子流串，该子流具有了更安静、机械更简单且不产生燃烧排放等优点。

图 4.1　小型固定翼飞机

目前，历来重视原创的诺贝尔物理学奖主要聚焦微观粒子的近代物理研究，尽管至今还没有物理学家因直接从事力学研究而获得诺贝尔奖，但是力学对诺贝尔奖获得者的逻辑思维训练毋庸置疑，包括发现稀有元素氩的英国的瑞利（Rayleigh，1842—1919）、发明高压力装置的美国的布里奇曼（Bridgman，1882—1961）、提出直接求解变分方程近似法的苏联的康托洛维奇（Kantorovich，1912—1986）和研究引力波探测的美国的韦斯（Weiss，1932—）等。实际上，力学是建立在经典的牛顿力学基础上，是物理学的最早的一个分支，而流体力学自出现开始，就与传统物理分道扬镳，它主要是倾向于用应用数学的理论去解决工程实际问题。

4.2　力学 App 教学案例

导读：从手机 App 内置加速度和角速度传感器的 3 个应用教学案例出发，解析滑动摩擦、弹簧震荡和抛物运动等力学概念和规律，学习案例设计的思路、方法和步骤，理解问题发现、实验观察、理论分析以及误差认知的科学探究过程。

力学的手机 App 教学案例来源丰富，从以公园的旋转木马为对象的向心加速度与角速度实验，到考察矩形容器中液体的流体表面形状与角速度关系和科里奥利（Coriolis）效应，再到用自行车轮子的旋转和振动分析物理单摆这一经典力学系统。本质上讲，力学 App 利用手机内置的加速度和陀螺仪传感器，获取加速度和角速度这两个基本物理量，然后结合其他诸如计时器、照相机、方向传感器等实现特定力学场景的实践教学。

4.2.1　案例 1：木质块与斜台的动摩擦系数研究

汽车的行驶依赖轮胎与马路的滑动摩擦，物面的污垢扫除也离不开滑动摩擦，如果没有滑动摩擦，人们的日常生活将受到极大影响。当然，滑动摩擦也给人们带来麻烦，如滑动鞋底很快磨损，影响穿着。针对实验室中木块在斜台滑动的经典实验，手机 App 教学案例的设计如下。

动摩擦系数（Coefficient of Kinetic Friction）是彼此接触的物体做相对运动时摩擦力和正压力之间的比值，其大小是物体本身固有属性，一般小于 1 且无单位，与相对运动与否，以及有无正压力无关。例如，木与木之间的动摩擦系数约为 0.3，而橡胶轮胎与干路面之间的动摩擦

系数约为 0.71。通过实验测量摩擦力 f 和正压力 N，可以估计出不同物体的动摩擦系数 μ，即

$$\mu = \frac{f}{N} \tag{4.1}$$

1）内容及动机（Motivation of Topic）

针对滑动摩擦系数的描述不易理解，采用手机 App 达到简化经典物体滑动实验并量化测量结果的目的。

2）传统方法及其挑战（Traditional Method）

根据拉力和摩擦力二力平衡原理，在采用测力计确定摩擦力的传统方法中，要求匀速拉动测力计，操作苛刻学生体验感差。

3）手机 App 新方法（App Method）

利用手机内置的加速度和方向传感器，获取实验条件下滑动物体的加速度和斜面的角度，从而可以简单快捷地确定动摩擦系数。

4）实验条件、步骤、误差分析与校验更新（Setup & Calibration）

首先，准备 7 个不同型号的手机，1 个木质长方体，1 个木质斜台。每个手机安装手机 App“SPARKvue”，并将手机全部置于木质的长方体上，如图 4.2 所示。

图 4.2　7 个不同型号手机在木质长方体上固定

其次，木质长方体放置于斜台的顶部并保持静止时，用手机 App 程序“Compass Level”或“Surface-Level”测量斜台的倾斜角 φ。

然后，设置 SPARKvue 软件的采样频率为 1 kHz，记录木质长方体从斜台滑下过程中的重力加速度 g 和所产生的加速度值 α，并计算木质长方体和木质斜台两者之间的动摩擦系数为：

$$\mu = \frac{g \cdot \sin \varphi - \alpha}{g \cdot \cos \varphi} \tag{4.2}$$

最后，改变斜面的倾斜角，重复以上实验过程①可以获得动摩擦系数；②比较分析不同手机实验结果的差异性；③进而深刻认识到动摩擦系数是物体固有属性，与运动无关，与正压力无关。

5）教学效果（Teaching Result）

在娱乐中探索摩擦力，在摩擦力的定量测试分析中，促使概念的深化理解。

4.2.2 案例 2：仿生机器人中弹簧的倔强系数研究

弹簧的倔强系数（Stiffness Coefficient）或弹性系数是描述弹簧产生单位形变时产生弹力的大小，其中，弹力是指弹簧（Springs）受外力作用发生形变后，若撤去外力，物体能够恢复原来形状的力。根据胡克（Hooke）定律，弹力 F、倔强系数 k 和形变量 Δx 满足关系，

$$F = k \cdot \Delta x \tag{4.3}$$

对弹簧的弹力而言，其形变发生改变需要一段时间，在瞬间内形变量不变，则可以认为弹簧的弹力不突变。弹簧是仿生机器人的重要关键部件，如图 4.3 所示。目前，牛顿定律被深入地运用到弹簧的平衡，动力学、能量、振动分析等方面。

弹簧受外力作用会发生形变。

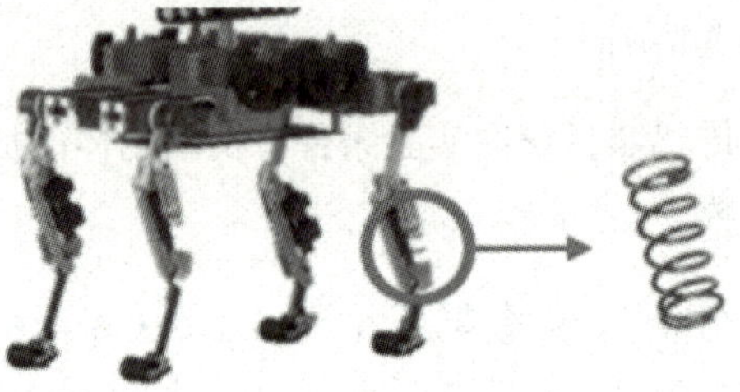

图 4.3 弹簧作为仿生机器人关键部件

针对悬挂物体的弹簧的阻尼振动运动，手机 App 教学案例的设计如下。

（1）内容及动机（Motivation of Topic）

针对弹簧系统的弹力时变性和能量存储性，考察弹簧与其他物体的相互作用及能量转化，分析物体的运动过程。

（2）传统方法及其挑战（Traditional Method）

对于弹簧的胡克定律运用，往往根据牛顿第二定律和阻尼简谐振动（Damped Simple Harmonic Motion）原理，并利用受力图（Free-body Diagram）来实现，这要求学生具备一定的综合性、复杂性过程的分析能力，另外，建立弹簧运动的物理图景也很困难。

（3）手机 App 新方法（App Method）

利用手机内置的加速度、陀螺仪和 ALS 传感器，获取实验条件下弹簧运动的加速度、角速度和距离，从而直观地确定倔强系数。

（4）实验条件、步骤、误差分析与校验更新（Setup & Calibration）

首先，准备 1 根弹簧，1 部安装了“Science Journal”手机 App 程序的手机。其中，弹簧一端固定，手机悬挂于弹簧下端，如图 4.4（a）所示。

其次，通过手机图形化的方式记录加速度变化，实现质量和时间测量，距离也可以由 ALS 传感器测定。实验过程中，手机随弹簧振荡，直至空气阻力导致振动停止，获得时间 - 位移的阻尼振动波形如图 4.4（b）所示。

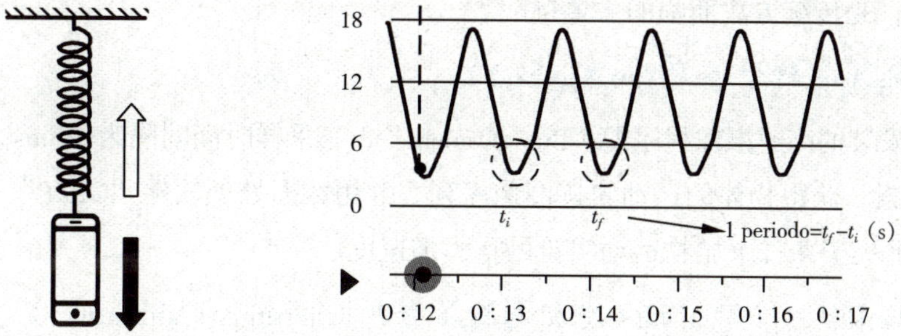

（a）实验装置示意图　　　　　　　　（b）简谐振动的测量波形

图 4.4　基于手机 App 的弹簧运动实验

然后，结合质量 m、时间 t 和长度 L，根据牛顿定律或者简谐振动分析，计算出倔强系数，其中，App 获取测量值应转换到国际单位（International System：SI），

$$k=\frac{mg}{\Delta L}=m\left(\frac{2\pi}{\Delta t}\right)^2 \tag{4.4}$$

最后，讨论空气阻力和重力加速度对测试结果的影响。实验时注意小的操作，否则可能引入额外的摩擦力、或引起其他方向的运动，尤其要避免人为施加脉动性外力等。

（5）教学效果及其反思（Teaching Result）

培养了 ICT 物理测量技能，实验数据图形化表示方法，以及小组协作，沟通能力等素养。另外，进一步探究实验案例的 5 个基本问题：吸引注意力的内容是什么？你不理解的要素是什么？你对仿生机器人的设计看法是什么？从仿生机器人看，弹簧对社会贡献还有哪些实例？你怎么看待物理可能会促进仿生技术设计？滥用仿生机器人可能会导致的道德挑战是什么？

4.2.3　案例 3：抛球的重力加速度

重力加速度（Acceleration of Gravity）是一个物体受重力作用的情况下所具有的加速度，也叫自由落体加速度，表示为 g。其方向竖直向下，大小与位置有关，并随海拔高度增大而减小，对于地球表面而言，g 近似为标准值，即 9.8 m/s^2。

观看足球比赛等体育赛时，球迷们不仅关注球员进了多少个球，而且对精彩进球的漂亮轨迹津津乐道，球的运动轨迹表现了二次曲线轨迹（Parabolic Trajectories）特性。采用二次曲线运动，如抛物运动，来观测重力加速度，手机 App 教学案例的设计过程如下。

（1）内容及动机（Motivation of Topic）

针对重力加速度的测量，利用平时体育运动中的足球，通过抛物运动，方便地量化重力加速度。

（2）传统方法及其挑战（Traditional Method）

平衡法、落体法、单摆法和弦振动法是重力加速度测量的 4 类方法，其中，落体法操作简单，但器材误差较大。如何处理操作复杂度与测量高精度之间的矛盾，同时降低实验器材要求，方便数据处理，是传统方法面临的主要挑战。

（3）手机 App 新方法（App Method）

利用手机安装的高速摄像程序即“Burst Camera”，其采样时间间隔为 50 ms、分辨率为 960 像素 ×720 像素，获得物体的运动轨迹图像序列，并用数据处理软件“GIMP”和“OpenOffice Calc”，获取非完美条件下抛物运动实验的重力加速度。

（4）实验条件、步骤、误差分析与校验更新（Setup & Calibration）

首先，人站在白墙附近，以水平或垂直方式抛掷足球，并通过凳子来调节抛球的初始高度；

其次，用手机高速摄像 App，获得近似 1 s 的球体自由落体过程中的几张照片，通过控制相机软件进行运动同步（Synchronizing），如图 4.5 所示。

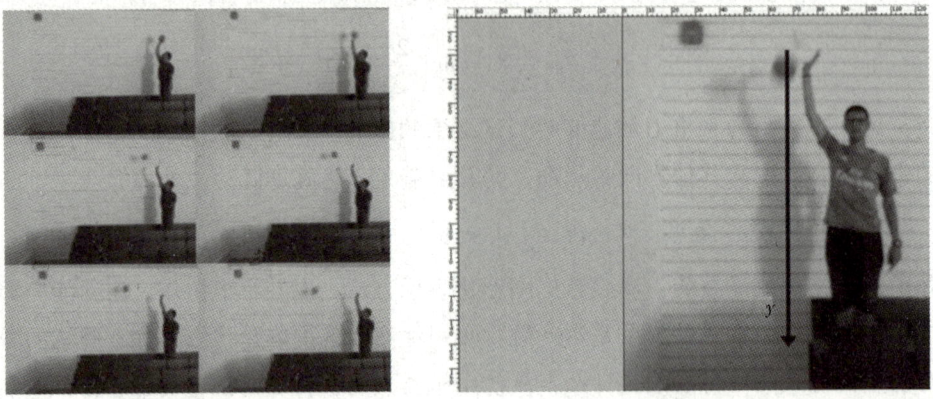

（a）球的运动轨迹照片　　（b）后期图像编辑提取位置和时间的示意图

图 4.5　手机 App 的抛球重力加速度实验

然后，根据视频图像提取垂直向下的位移 y 与时间 t 的实验数据，画出相应的时间 - 位移（t-y）波形，结合抛物运动的二次曲线轨迹函数估算重力加速度。

$$y = y_0 + v_0 t + \frac{1}{2} g t^2 \tag{4.5}$$

式中，y_0 表示初始位置，v_0 表示初始速度；利用 OpenOffice 的 Calc 程序对实验数据进行拟合，结果如图 4.6 所示，其中，“点”表示某一时刻 t 对应位移 y 的实验数据，“虚线”表示二次曲线轨迹函数的拟合结果，即 y=0.035 1+4.174 7 t–4.996 9 t^2。

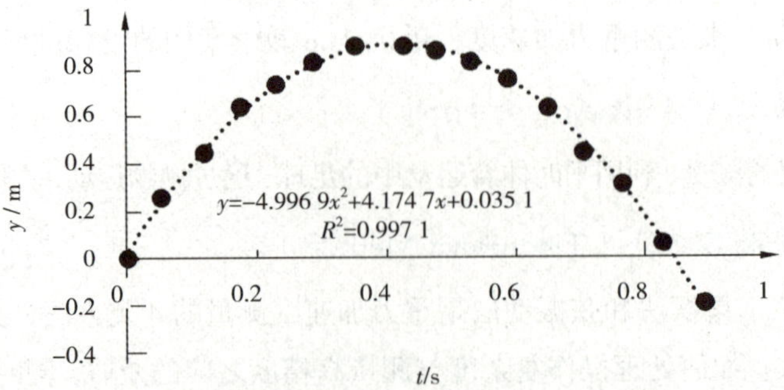

图 4.6　球运动轨迹的时间 - 位置曲线

再次，讨论球的初始速度对重力加速度测量的影响。当忽略初始速度和位置，即 $v_0=0$，$y_0=0$ 时，方程（4.5）变为 $y=gt^2/2$，那么，由实验数据拟合获得重力加速度 $g=9.86\ \mathrm{m/s^2}$。另外，根据标准误差（Standard Error）定义分析测量误差，

$$\sigma = k_{\mathrm{m}}\sqrt{\frac{1}{N-2}\cdot\frac{1-R^2}{R^2}} \tag{4.6}$$

式中　k_{m}——斜率；

R——Pearson 系数，其中图 4.6 所示案例中 R^2=0.997 1；

N——实验点数，那么，实验获得的重力加速度标准误差为 0.06，因此，重力加速度不确定性表示为 $g=9.86\pm0.06\ \mathrm{m/s^2}$。

最后，鼓励学生重复伽利略比萨（Pisa）斜塔实验，比较不同球的落地时间，比较不同手机的实验性能，表明手机实验获得的重力加速度值存在变异性。

（5）教学效果及其反思（Teaching Result）

在 16~19 岁高中学生的力学课堂中，利用手机 App 开展实验获得了小于 2% 的重力加速度的估计误差，并且实验开展时间短（<5 min）。但是，教学应重在理解并分析误差，探索减小误差的方法，达到深入理解概念的目的。此外，收集学生实验反馈信息，包括 0—10 等级评价、将来是否继续开展此类实验的意愿等，基于评价量规的学生满意度为 80%，手机 App 的足球重力加速度实验涉及态度和兴趣、小组协同合作等方面，有利于促进学生综合素质的培养。

4.3　个性化力学教学 App 的设计与实践

导读：在上述关于力学的基本概念以及案例实施方法和步骤的基础上，构建力学教学 App 设计框架，并以荡秋千为引例来梳理力学现象，围绕运动跟踪来定义教学 App 的内容及界面，针对单摆轨迹可视化任务，实现 App 编程及其教学实践。培养学生 App 开发技能，借助手机 App 探索力学现象的物理概念和规律，体验观察、分析和解决问题的科学研究过程。

4.3.1　力学 App 教学设计框架

从学生的移动学习需求出发，力的产生及其相互作用涉及两个层次的学习：①基本概念和规律的深入理解；②灵活运用。因此构建如图 4.7 所示的手机 App，包括内容、活动和移动学习（m-Learing）等 3 个基本模块；其中，可视化的交互软件是移动学习的核心教学资源，是形成高阶思维技能的重要途径，也是个性化教学的核心。

本质上讲，手机 App 力学教学是一种自带设备的物理现象探索与实践，手机内置传感器测量，加速度和角速度等存在差异，会引起实验结果的变异。因此，采用特定手机开展教学实验

可以规避该问题，另外，在实验设计与实施过程中应注意下述几点。

1）长度

长度（Length）的标准度量工具有游标卡尺或米尺，而用手机 App 测量长度的方式包括：利用手机的照相机直尺或环境光传感器的距离测量等 App 软件进行测量。使用中注意软件操作要求，避免外部干扰，进行预先校验。

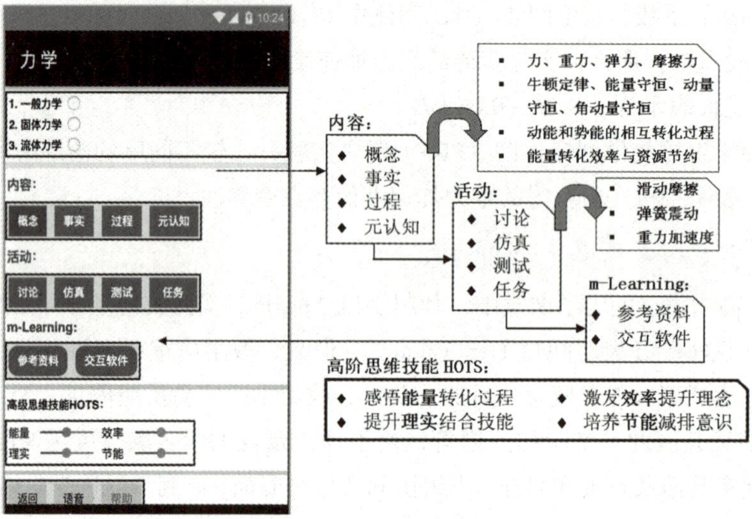

图 4.7　力学的移动学习 App 设计框架及其界面示例

2）质量

质量（Mass）的标准测量工具为天平，而手机 App 可用内置的计时器、照相机、加速度等传感器等对物体的投射运动实验来间接测量获得，其中，运动轨迹的拍摄或采样时间间隔要尽可能小，如 50 ms 以下。

3）时间

手机中的停表、秒表、手表等都是常用的计时（Time）工具，使用中应确保运动位置与时间的对应，同时减小起停控制的人为操作误差。

4）手机差测量误差与不确定性

不同手机获得的加速度、角速度等实验值存在差异性，善于从统计量，如均值、方差和变异系数等，对测量结果的不确定性（Error & Uncertainty）进行表征和分析。

4.3.2　生活中物理现象的描述——荡秋千

以荡秋千这一儿童娱乐活动为切入点，引入力的产生及其相互作用的定义，采用时空发散思维，关联相关知识及应用，并解析观察现象蕴含的基本原理，给出基本规律及其模型。

进一步，结合 App 的图像框、网页浏览框和动画图像框等编程操作，设计力学教学手机 App “现象描述”，界面如图 4.8 所示。

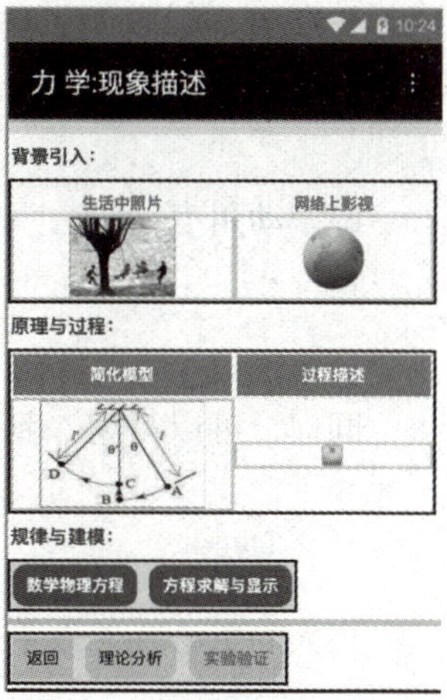

图 4.8　力学“现象描述”的 App 界面

1）背景与引入

手机 App 上呈现的生活中照片和网络上影视视频引入主题：秋千。无论是被拉到高处然后释放并来回自由震荡的体验，还是落到低处时被一臂之力再次推向高处带来的喜悦，甚至凭己之力独上梢头的震撼，显然，荡秋千带来的欢声笑语，是人们美好时光的不二见证，如图 4.9 所示。

2）原理与过程

图 4.10 给出了独自摆动秋千时的等效单摆示意图。近似地，秋千可以看作是一个由定点、牵引线和重物组成的单摆，人是单摆下悬挂的小球重物或质点，其质心随着人姿势的变化而发生改变，同时相应的摆线长度也增加或减小。

图 4.9　秋千上的欢乐时光

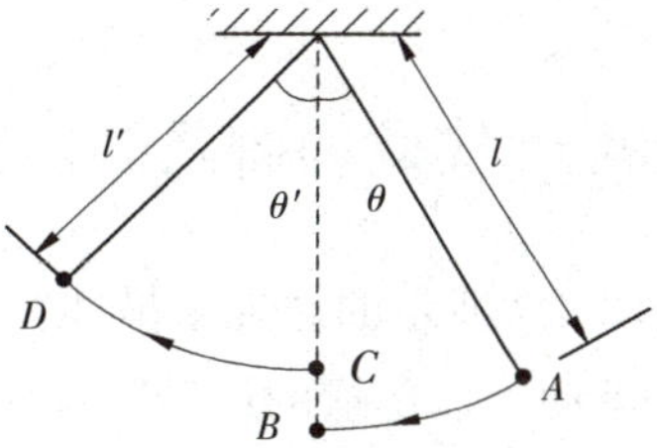

图 4.10　荡秋千的单摆示意图

结合手机 App 的动画相框功能，荡秋千的具体过程分解如下：

- 首先，力的产生。人通过消耗自身能量，把秋千从静止的、势能最低的 B 点，移动到 A 点，即与重力方向成夹角 θ，此时速度为零，但是相对于 B 点具有一定的势能，由于重力在切线方向上的分力，引起人从 A 向 B 点运动。
- 其次，势能到动能的转换。当运动到 B 点时，A 点的势能一部分用于克服风的阻力做功，另外的势能转换为 B 点处人的动能，即有一定运动速度；另外，当人通过自身能量消耗克服重力做功，把质心从 B 点移动到 C 点。
- 最后，动能到势能的转换。当从 C 点运动到 D 点，除了克服风阻力做功外，C 点处的动能转换为 D 点处的势能，由于质心变化，即等效摆长减小，这样 D 点对应重力方向的夹角 θ' 可能大于 θ，实现不需要外人，独自荡起秋千。

3）规律与建模

从单摆的物理过程来看，阻力、重力、动能、势能和机械能守恒、角动能守恒、人做功是荡秋千蕴含的基本概念和规律。对于秋千、人和地球组成的系统，若忽略各种阻力，从图 4.10

的 A 点到 B 点过程中机械能守恒，即

$$\frac{1}{2}mv^2 = mgl(1 - \cos\theta) \tag{4.7}$$

即摆动角度 θ 为，

$$\cos\theta = 1 - \frac{v^2}{2gl} \tag{4.8}$$

同理，可以得到 C 到 D 的摆角 θ' 为，

$$\cos\theta' = 1 - \frac{v'^2}{2gl'} \tag{4.9}$$

当人的重心或等效单摆的质心由 B 变到 C 点时，根据角动量守恒有，

$$mv'l' = mvl \tag{4.10}$$

所以，当等效摆长 l' 减小，速度 v' 增加，则 $\theta' > \theta$。

综上，结合手机 App 的数学物理方程显示及其求解计算功能，可以获得理论计算结果，易于理解秋千速度的改变根源，也就是，机械能增加来源于人站起时克服重力做的功转化为动能，即 $mg(l-l')$。那么，单靠荡秋千人的下蹲和站起运动，消耗荡秋千人的自身能量，不依靠外力，秋千也可以越荡越高。

4.3.3 App 实验内容及功能定义——运动跟踪

根据图 4.7 所示的“现象描述”App 界面力学移动学习 App 设计框架，把荡秋千近似地认为单摆运动，以单摆的运动跟踪作为一个具体教学活动，根据物理现象、概念、仿真和实验等 4 个模块，结合手机 App 编程基础，构建运动跟踪手机 App 界面及其功能模块，如图 4.11 所示。其中，现象、概念和仿真等内容由如图 4.8 所示的“现象描述”App 界面实现，接下来重点介绍实验设计及其验证。

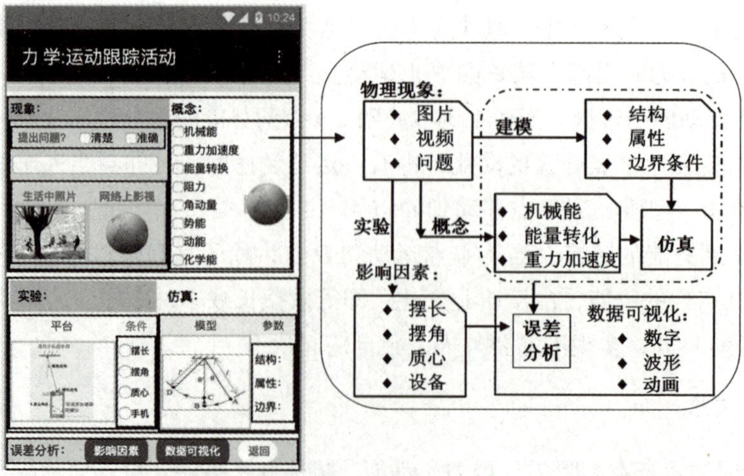

图 4.11 单摆的运动跟踪 App 界面及其模块框图

近似为单摆运动的荡秋千过程，涉及时间、位置坐标、重力加速度和角速度等物理变量，可由手机内置的计时器、环境光、加速度、角速度等传感器获得。研究摆长、摆角和质心等对单摆运动的影响关系结合手机 App 的数字、波形和动画等可视化技术，给出实验数据和理论数据的可视化对比及其误差分析，实验内容如下。

1）固定摆长的重力加速度

在固定的摆长条件下，利用米尺或手机环境光传感器的测距功能，测量摆长 l，并结合时间 - 重力加速度或角速度的周期性波形，获得单摆周期 T，计算出重力加速度 g。

$$T = 2\pi\sqrt{\frac{l}{g}} \Rightarrow g = \frac{4\pi^2 l}{T} \tag{4.11}$$

2）不同摆长的重力加速度

改变摆长 l，重复步骤 1），给出实时的传感器数据波形，手机 App 具备将不同摆长的测量数据波形进行对比的功能，绘制出摆长 l 与测量加速度的关系曲线。

3）不同摆角的周期

参考步骤 1）、2），利用测量的重力加速度值，获得不同摆角的传感器数据波形及其估计的周期值，给出摆角 E 周期的实验曲线及其理论曲线的对比结果。其中，周期函数 T 的理论值定义如下：

$$T = 2\pi\sqrt{\frac{l}{g}}\left[1 + \frac{1}{4}\sin^2\left(\frac{\theta}{2}\right)\right] \tag{4.12}$$

4）运动轨迹的可视化

创建并动态更新单摆的虚拟场景包括：

- 单摆基本组件的虚拟模型；
- 真实单摆运动的同步虚拟动画如单摆角度变化；
- 测量数据如向心加速度的实时虚拟场景显示。

5）运动轨迹的手机依赖性

探索至少 3 种不同型号手机的测量结果，保存相关数据和图像。

4.3.4　App 编程实现及教学应用 1——单摆轨迹可视化

从力学的移动学习框架出发，针对运动跟踪活动的设计，以手机为质点构成单摆场景，构建并实施单摆轨迹可视化的手机 App。

1）App 界面及其功能模块

• 学习框架

创设“学习框架”按钮，利用屏幕切换编程，实现当按钮被点击时进入如图 4.7 所示的力学移动学习 App 界面。

• 现象描述

设置“现象描述”按钮，利用屏幕切换编程，实现当背景按钮被点击时进入如图 4.8 所示的“现象描述”界面，以图片和互联网视频等多媒体超级链接手段，呈现人们日常生活中的力学现象，如荡秋千和开关门等，明确力及其相互作用等概念；聚焦秋千的单摆近似，提出：认识荡秋千的运动过程和规律。

• 活动定义

配置“活动定义”按钮，利用屏幕切换编程，实现当按钮被点击时进入如图 4.11 所示的“运动跟踪活动”界面，明确运动跟踪物理现象的基本概念和规律、仿真模型和实验条件及其影响因素。

• 教学实践

利用“教学实践”按钮，呈现实物装置的交互式虚拟场景和实时参数显示。其中，配置摆长、悬挂手机的质量和摆角等实验条件形成初始的交互式虚拟场景；另外，结合手机加速度、陀螺仪和计时器等传感器获得实物装置的实时参数，如摆角、重力加速度 g 和向心力 G_1 等，并用于动态更新虚拟场景。另外，提供实验值和理论值的可视化对比进行误差分析并显示结果，同时，具备测量数据的本地文件保存和远程分享等功能，如图 4.12 所示。

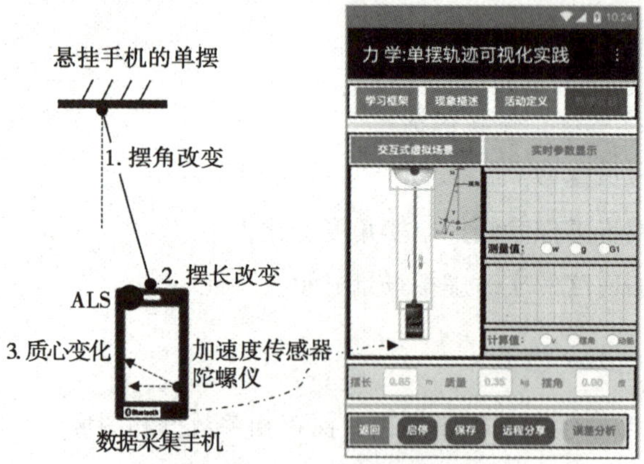

图 4.12　单摆轨迹可视化的示意图及其 App 界面

2）手机 App 的软件编程实现

• 虚拟场景的理论值更新

首先，定义函数“实验装置参数”，获取 3 个“文本输入框”输入的实物装置的参数包括摆长、质量和摆角，并保存到创建的 3 个全局变量中，如图 4.13 所示。

其次，定义函数“理论值计算”，根据实验装置参数，由公式 4.12 计算出运动周期 T 的理论值，获得简谐运动的摆角 $\theta(t)=\theta_0\cos(2\pi t/T)$，如图 4.14 所示。

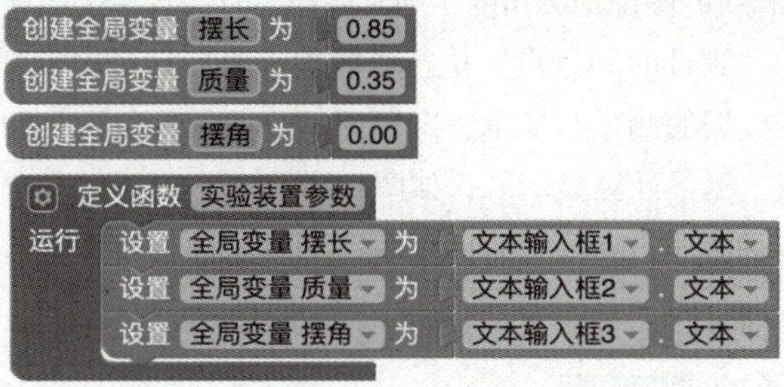

图 4.13　实物装置参数的输入及读取代码块

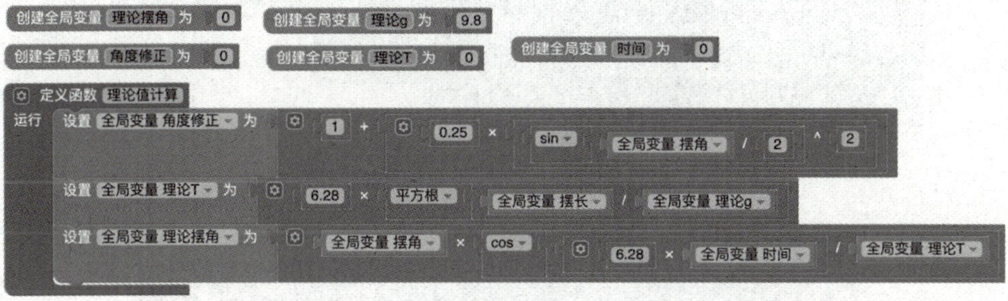

图 4.14　单摆运动的周期及摆角的理论值计算

然后，当“启停”按钮被点击时，调用定义函数“实验装置参数”，用全局变量“摆长”改变表示线的图像精灵的长度，用“质量”改变表示手机的图像精灵的大小，并用“摆角”表示线和手机的图像精灵的旋转角度，同时启动更新理论位置显示的计时器。

最后，在“到计时时间隔点”响应函数中，更新“理论位置”球形精灵方向，动态指示单摆的理论位置，如图 4.15 所示。

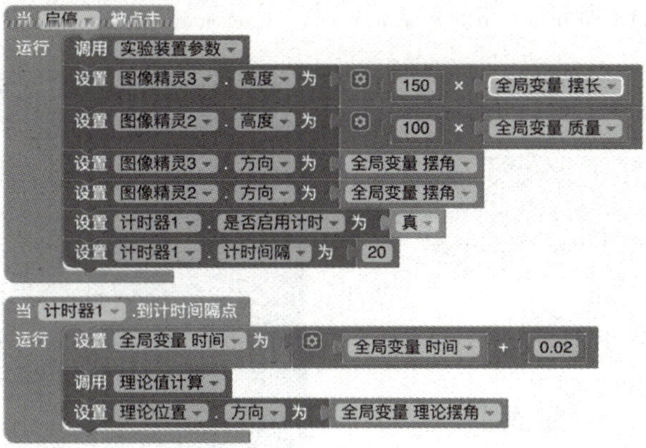

图 4.15　虚拟装置的初始配置及其理论轨迹显示

• 虚拟场景的实验值更新

首先，拖曳位置、方向、加速度和计时器等传感器于工作面板，并创建全局变量：测量 w、测量 g、测量 G_1、测量时间等用于保存实物装置的测量值。

其次，“交互式虚拟场景”按钮被点击时，显示位置传感器获取装置的“当前地址”信息，用于考察不同地理位置与重力加速度的相关性；此外，操作实物单摆，用方向传感器读取初始摆角，并更新虚拟场景中手机和线的图像精灵角度，同时启动实时参数测量用计时器，如图 4.16 所示。

然后，在计时器的“到计时间隔点”执行函数中，更新运动时间，如设置步长为 0.02 s，并执行实物装置传感器数据的测量与显示，即调用“测量参数显示”和计算出单摆运动的关键物理量并显示，即调用“测量计算显示”，如图 4.17 所示。

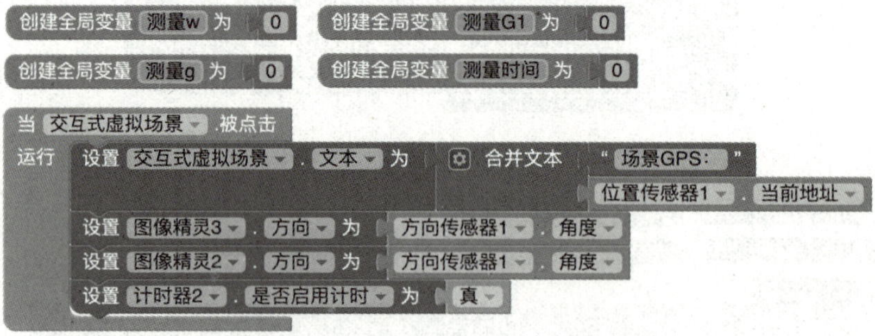

图 4.16　实物装置的位置和初始摆角获取与显示

图 4.17　动态获取并显示实物装置的传感器数据及其推导物理量

其次，定义函数“测量参数显示”，获取重力计和陀螺仪的当前数据并进行保存，同时根据界面的单选框选中与否，参考 3.2.2 章节画线或画点步骤，在测量画布上实现相应测量参数的波形显示，对传感器数据画线显示，添加 4 个全局变量用于保存前一次采集的 g，w，G_1 和时间，示例代码如图 4.18 所示。

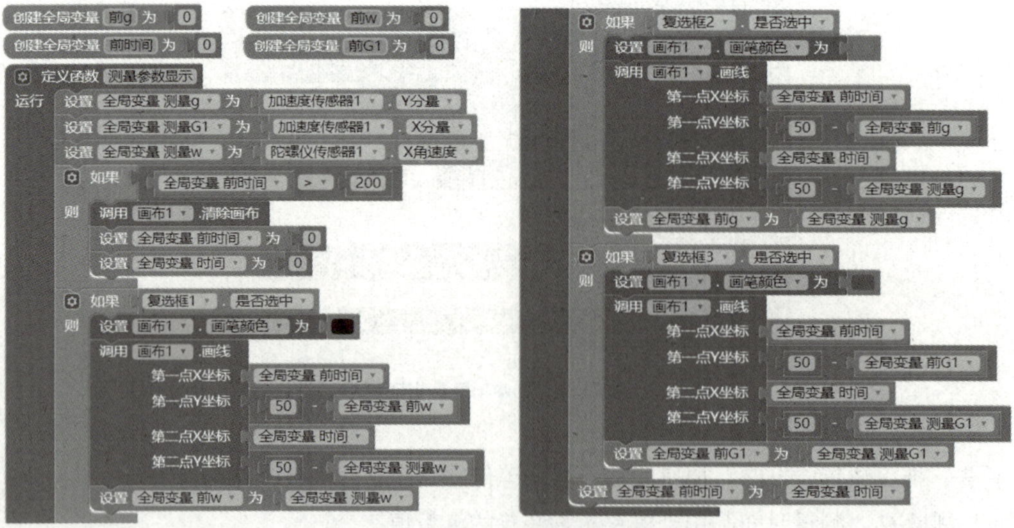

图 4.18　实物装置的传感器参数读取与画线波形显示

最后，定义函数“测量计算显示”，结合图 4.18 获得的重力加速度、角速度和运动时间等测量物理参数，根据公式 4.7 中给出速度 $V=\omega l$、动能 $E=1/2\,(mv^2)$ 和摆角余弦的计算结果并进行数据保存，同时，根据界面的单选框选中与否，在“画布计算”画布上以画点或线的方式显示相应计算值的波形，如图 4.19 所示。

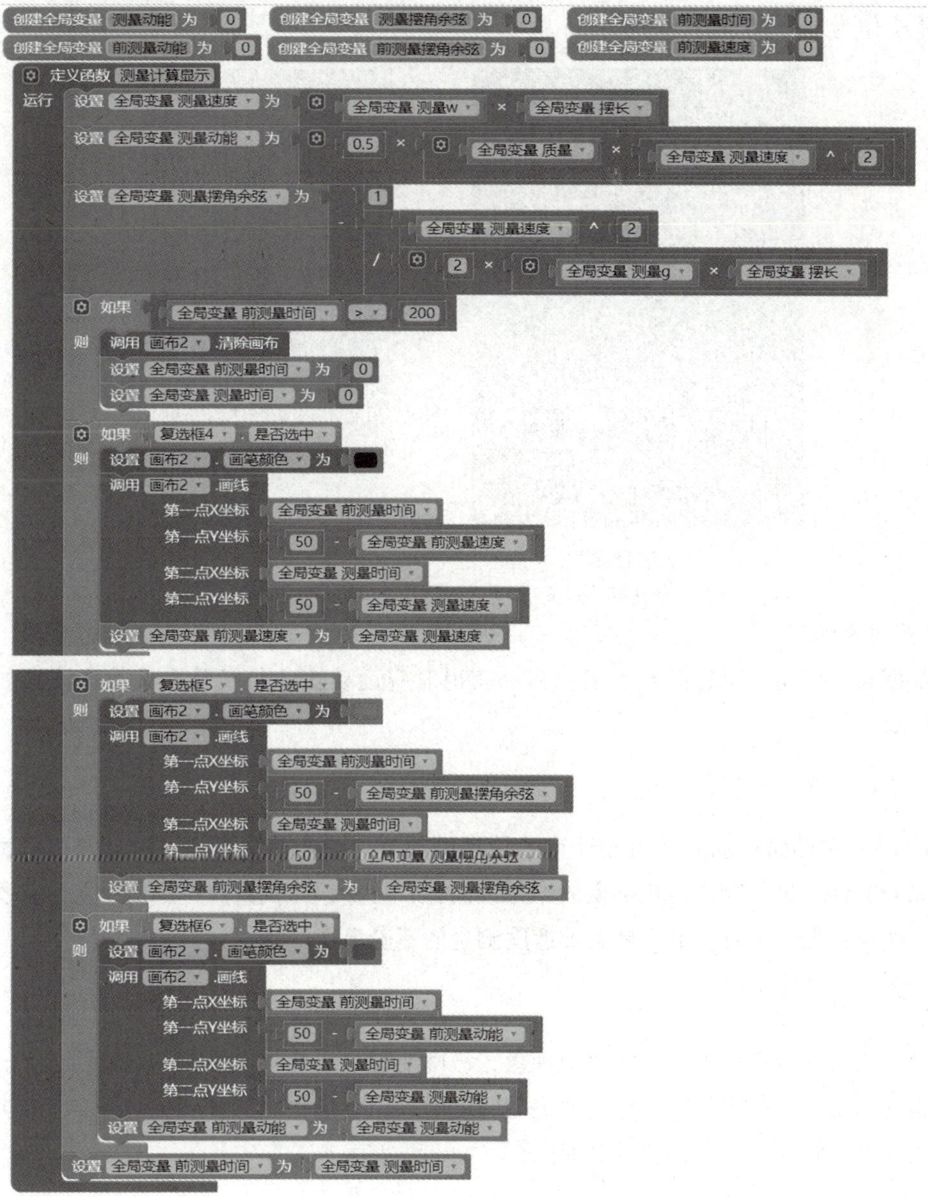

图 4.19　真实物理装置的速度、动能和摆角的计算与波形显示

• 数据的保存与分享

当“保存”按钮被点击时，把存放在全局变量中的测量及计算物理量存放在 CSV 文件中，加速度、角速度、时间、速度、动能和摆角余弦等具体参见 3.3.2 章节。另外，由“远程分享”按钮启动蓝牙与网络存储功能，具体编程参见 3.3.3 章节。

3）实验条件、步骤和内容

• 实验材料与设备

自主 App 软件，轻质棉线 1 m 左右，至少 1 部手机，棉线一端连接在手机上，另一端固定，形成单摆，如图 4.20（a）所示。其中，手机作为单摆质点和传感器数据采集装置，也可以用另一个手机作为远程数据测控端。

（a）装置照片

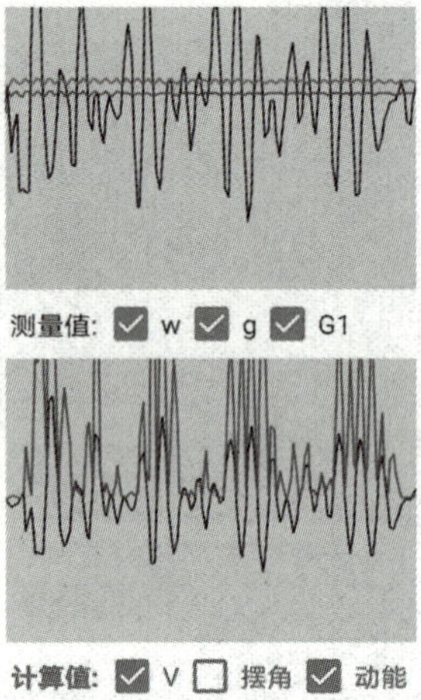

（b）获取波形示例

图 4.20　安装个性化 App 手机构成的单摆实验

• 步骤与内容

改变摆长、摆角、质心以及手机型号，获得对应运动轨迹曲线及采集数据波形如图 4.20（b）所示。

4）实验结果及误差分析

通过 CSV 文件保存的测量值和计算的物理量的值，结合功能更强大的计算机数据分析处理软件 MATLAB，进行理论分析和实验结果的对比，分析误差及其产生原因，关注多次重复实验的高斯统计特性，同时，给出重力加速度测量的不确定度。

5）教学效果与反思

寓教于乐，探索真实生活中的力学现象，教师要制订定性与定量的学习评价方案，清楚阐述评价量规、课堂实验操作与协作对照表等，同时，引导学生团队开展批判和自我批判，尝试实验结果的理论解释，思考误差及其原因。

4.4　学习与思考

任务 1：用百度等搜索引擎，查找力学领域的重要历史名人资料，总结出至少 3 个物理学家的成长日记、成就与贡献、社会认可和应用等信息，以 PPT 的形式进行宣讲。

要求 1：

- 成长日记：学习、工作、个人爱好以及生活时代背景等信息，给出重要时间、图片及其必要解释。
- 成就与贡献：重要理论和实验装置的图、公式和文字解释；
- 社会认可：重要获奖等。
- 研究成果应用：各应用领域的图、名称及其必要解释。例如，香农的介绍如下。

任务 2：观察并选择身边的力学物理现象，设计并实施手机 App 教学，给出 App 源代码、安装包 APK 以及项目汇报 PPT，其中，PPT 中包括教具制作与实施的图片和教学及反思等内容。

要求 2：

- 物理现象的描述：反映现象的照片或视频，给出涉及的基本概念和规律，并作必要的解释。
- 实验内容及其手机 App 定义：明确观测变量及其影响因素，提出具体实验内容以及 App 功能。
- App 编程实现及教学应用：给出选定场景的手机 App 教学实践过程，包括 App 界面和代码、实验内容和步骤及其结果，给出理论和实验的误差分析。

第 5 章

手机内置传感器的声学应用

教学目标：

从手机内置声音传感器的应用出发，熟悉物理教学中声学的基本概念、事实、规律和应用，理解声音的产生、传播、利用以及危害和控制，掌握 App 教学案例的设计方法与实施步骤，构建声学模块的移动学习内容，开发个性化的声学教学活动的手机 App，深入理解和灵活运用声学基本概念和规律。

重点难点：

声强，多普勒频移，声场可视化。

教学内容：

①回顾声学的基本概念、规律及发展历程，感受科技创新为人类赋能。

②学习扬声器声场测量、多普勒效应实验和城市噪声测试 3 个 App 教学案例，理解案例构建的方法和步骤。

③以生活中听音乐为引入，学会声强测量为核心的 App 教学的设计与实施。

5.1 声学领域名人与实验

导读：了解声学领域的重要人物及其贡献，熟悉声学的基本概念和规律，初步了解声学发展趋势，感受科学家勇于实践的奋斗足迹。

声学（Acoustics）研究从微观到宏观、从次声（或长波）到特超声（或短波）的线性与非线性机械波，即声波现象，其内容包括产生、传播、接收、转换及其效应，最常见的声学就是声音的产生和传播。尽管声波类似光波，但是声波传播速度比光波小得多，并且声波可能是纵波或横波，而光波是横波。公元前 525 年，我国先辈铸造出产生音阶符合自然律的蟠螭文编钟，即产生有规律的悦耳的声音或乐音（响度、音调和音色），古希腊的毕达哥拉斯（Pythagoras，约公元前 580—约公元前 500）等也提到自然律等研究内容，这些音乐或者听觉研究见证了人类最早的声学探索。然而，直到 17 世纪初，意大利的伽利略（Galileo，1564—1642）通过研究单摆周期和物体振动才开启了人类对声学的系统研究，并演变为当前的音频声学与信号处理、医学超声学、生物声学、海洋声学、环境声学等新型的、交叉性、延伸性学科方向，这些研究及其应用极大地影响着人类的生存与生活。

从声音的传播速度看，1738 年，巴黎科学院用炮声获得 0 度条件下实验声速为 332 m/s，该实验声速与当前最准确值 331.45 m/s 只有 0.15% 的误差。后来，大量物理学家对声速的实验测试结果给予理论推导，试图完美解释实验值，其中，1759 年，瑞士的欧拉（Euler，1707—1783）根据牛顿（Newton，1643—1727）推导的声速等于大气压与空气密度之比的二次方根，计算出声速只有 288 m/s，与实验值误差很大；为提升理论预测精度，1816 年，法国的拉普拉斯（Laplace，1749—1827）引入声波传播中空气温度的绝热过程，而不是牛顿假设的等温过程，得到了声速的二次方是大气压乘以比热容与密度之比，达到了声速的理论值与实验值的完全一致。

从声音的接收看，19 世纪前期，以德国的欧姆（Ohm，1787—1854）为代表的科学家们聚焦人耳的功能探究，发现人耳接收的最低声音强度约为 20 μPa 或 10^{-6} W/m^2，相应的空气质点振动位移大约只有空气分子直径的十分之一，同时认为人耳把声音分解为谐波分量。进一步，德国的亥姆霍兹（Helmholtz，1821—1894）利用欧姆声学理论，开展了听觉的声学研究，引入建筑和室内语音效果设计应用，并由美国的赛宾（Sabine，1868—1919）提出混响公式，奠定了声学在建筑应用中的理论基础。另外，德国的费希纳（Fechner，1801—1887）在他的老师韦伯（Weber，1795—1878）研究的基础上，建立了人的主观响度（或心理量）与客观强度（或物理量）的对数值成正比的韦伯 - 费希纳定律，促进了心理物理学科建立。特别是，1904 年获得诺贝尔奖的英国的瑞利（Rayleigh，1842—1919）总结并出版了两卷巨著《声学原理》，讨论了电话理论，奠定了电声学的基础。以美国的贝尔（Bell，1847—1922）和爱迪生（Edison，1847—1931）为代表，发明或发展了接收和利用声波的电子器件和设备，促进了电声学的发展。目前，声学已经形成了包括语音辨识、水声学、噪声振动与控制等领域的现代声学体系。图 5.1 所示为 2019 年 *Nature* 杂志报道的声学领域的一项最新研究成果——声镊的应用，利用声波控制细小物体的位置和运动的多模式声学阱显示器（Multimodal Acoustic Trap Display）。

从声音的传播特性来看，意大利的托里切利（Torricelli，1608—1647）提出了声音以空气为介质来传递的概念，该观点由英国的波义耳（Boyle，1627—1691）发明的抽气机抽取容器真空实验验证。后来，爱尔兰的斯托克斯（Stokes，1819—1903）讨论了声音传播过程中风对声音强度的影响。这些研究中，声音的可视化备受关注，其中，德国的托普勒（Toepler，1836—1829）发明了纹影法，通过光拍摄声波的传播，首次实现了声波的可视化，这类似于英国的丁达尔（Tyndall，1820—1893）提出通过光的传播来观测声波的方法，即丁达尔效应。更为震撼的是，德国的鲁道夫（Rudolph Koening，1832—1901）提出了利用火焰与亥姆霍兹共振腔来观察声音傅立叶变换或不同频率分量的方法，并被奥地利的马赫（Mach，1838—1916）结合最新成像技术应用于声波和超声速的激波可视化。进入电声学的 20 世纪，美国贝尔实验室的科克（Kock，1909—）提出了由麦克的电信号与灯泡光亮变化的照相机实现声音成像，匈牙利裔的加博尔（Gabor，1900—1979）发明全息摄影记录波阵面的振幅和相位。到当代，计算机及其算法融入声音可视化，出现声光成像、声全息、波束成形和直接成像等声音可视化方法，大大促进了音响系统和噪声、振动与声振粗糙度（Noise，Vibration，Harshness：NVH）领域的研究。我国的马大猷院士，提出了简正波理论、声学微穿孔板和小孔消声器理论，被广泛应用于噪声控制。

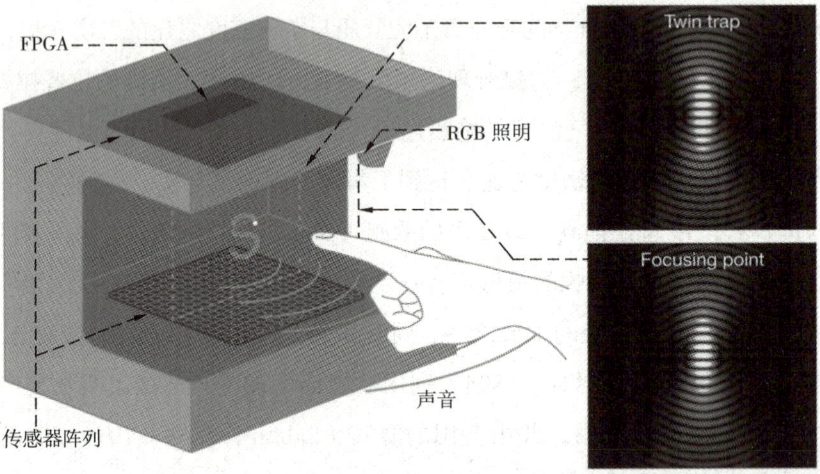

图 5.1　具备发出声音等功能的多模式声学阱显示器

目前，声学研究不断渗入力、热、光、电和核物理等其他领域，对声音的产生和传播的认识也不断深刻。例如，2019 年 SLAC 国家加速度实验室等团队，制造了高达 194 dB 空气中的最大响度或 270 dB 的水下声压，而 130 dB 的喷气式飞机起飞时发出的声音就达到令人疼痛感的音量。2020 年，*Science Advances* 杂志报道了声音在液体或固体中传播的极限声速为 36 km/s，是空气中传播速度的 106 倍，约是真空光速的 1/8 000。

5.2　声学 App 教学案例

导读：介绍手机内置声音传感器的 3 个 App 教学案例，理解声源声强分布、多普勒频移和噪声等概念和规律，学习 App 教学的案例设计方法和步骤，体会问题发现、实验观察、理论分析以及误差分析的科学探究过程。

5.2.1　案例 1：扬声器声场

声场（Sound Field）是媒介中声波存在的区域。它一般由声压、质点振动的速度和位移等物理量随空间位置和时间变化的关系来表征。扬声器（Loudspeaker）作为一个常用的电声换能器件，把电信号转变为声音信号从而产生声场。当声源功率为 W 的扬声器近似为点声源且连续发声时，室内 p 点的稳态声压级 L_p 为

$$L_p = 10\log W + 10\log\left(\frac{Q}{4\pi r^2} + \frac{4}{R}\right) \tag{5.1}$$

式中　r——p 点与声源的距离；

R——房间系数；

Q——指向性因素，取值为 1，2，4，8。

扬声器构成了人们日常生活中各类电声系统，如汽车音响、电脑音响以及电影院音响等，其性能常表征为声音品质，即声音经过传输、接收处理后音频信号的质量或保真度。一般来讲，音质的高低与再现声音的频率成分多少、失真程度和干扰大小等有关，频率成分越多、失真度越小、信噪比越高，音质就越好。另外，通过立体环绕营造空间声像，可以提升声音品质的主观体验和客观指标。针对扬声器的声场研究，手机 App 融入教学过程的设计及其步骤如下。

（1）内容及动机（Motivation of Topic）

针对扬声器产生的声场，选取声音传播中声强的角度依赖性为教学内容，实现声场分布的可视化为实验目的。

（2）传统方法及其挑战（Traditional Method）

拾音器阵列、扫描装置和吸音隔离等传统的声场可视化方法，不仅成本高、设备复杂，而且还可能引入噪声和反射等干扰，影响声场测试结果。

（3）手机 App 新方法（App Method）

利用手机内置的声音传感器和方向传感器，实时绘制声压级与方向的极坐标图，并保存数据到 CSV 文件，用于后续的分析与处理。

（4）实验条件、步骤、误差分析与校验更新（Setup & Calibration）

首先，在 1 部 iOS 系统手机上，安装 App 软件 Polar Pattern Plotter。

其次，放置音箱于宽敞室内的旋转平台上，调节手机麦克风并对准音箱。

然后，在单频、恒定音量的稳态声场中，获取麦克风的声压值。

最后，分析测量角度的漂移和声压等级的波动对测量精度的影响；发现利用“马鞍形”胶带固定手机，可减小测量误差，如图 5.2 所示。

（5）教学效果及反思（Teaching Result）

本案例有利于学生对声音产生与传播的学习，帮助学生理解传播方向、干涉和声强等基本

概念，培养学生使用手机 App 认识身边物理现象的能力。

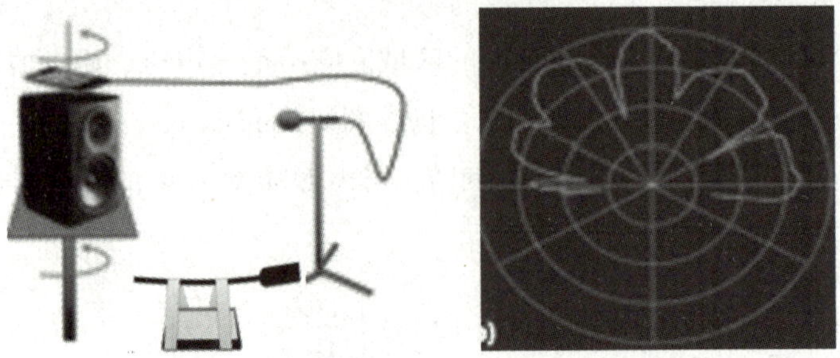

（a）音响 - 麦克风 - 手机测量平台　　（b）声场极坐标图

图 5.2　扬声器声场的可视化

5.2.2　案例 2：旋转圆盘多普勒效应

声音的多普勒效应（Acoustic Doppler Effect）是 1842 年奥地利的多普勒（Doppler，1803—1853）发现的物理现象，即声波源，如火车鸣笛，靠近或远离观察者时，观察者接收到声波的频率会发生变化。其频率偏移的大小，与声源发射的频率及其与接收设备的相对运动速度大小和方向相关。当声源发射频率为 f_e 时，观察者检测到的声波的频率 f_d 为，

$$f_d = f_e \cdot \frac{c \pm u_d}{c \mp u_e} \tag{5.2}$$

式中　c——声波在介质中的传播速度；

u_d——观察者移动速度，当接近声源时取正号，反之取负号；

u_e——声源移动速度，当接近声源时取负号，反之取正号。

实际上，多普勒效应的应用就在我们身边，如道路上汽车的测速仪器、健康体检的彩超和预报天气的雷达等。针对声源在旋转圆盘上运动产生的多普勒效应分析，手机 App 融入教学过程的设计及其步骤如下。

（1）内容及动机（Motivation of Topic）

针对声音的多普勒频移效应，选取声源的圆盘旋转试验，简化接收频率的检测并确定声速为实验目的。

（2）传统方法及其挑战（Traditional Method）

采用共振干涉法和相位比较法等传统声速测量方法，需要示波器等专业设备，而且，如何简单地实现速度调制和接收声波的频率提取是测试中的两个难点。

（3）手机 App 新方法（App Method）

利用手机内置声音传感器和扬声器，实现声场的产生及检测，并计算声波的频率和速度。

（4）实验条件、步骤、误差分析与校验更新（Setup & Calibration）

首先，在 1 个 iOS 系统手机上，安装 Audio Kit 信号发生器 App 作为声源，其产生声音的高

频率为 19 kHz。

其次，在另一个 iOS 系统手机上，安装快速傅里叶变换（FFT）App 软件 Spektro：skop，作为声音检测设备，实现声压级的连续时间测量及其频谱计算与画图。

然后，放置声源用的手机于电机驱动的圆盘上，并保持旋转速度恒定，其中，手机的位置距离圆心为 r，即 0.2 m，检测接收用的手机与圆盘处于同一平面上，如图 5.3 所示。

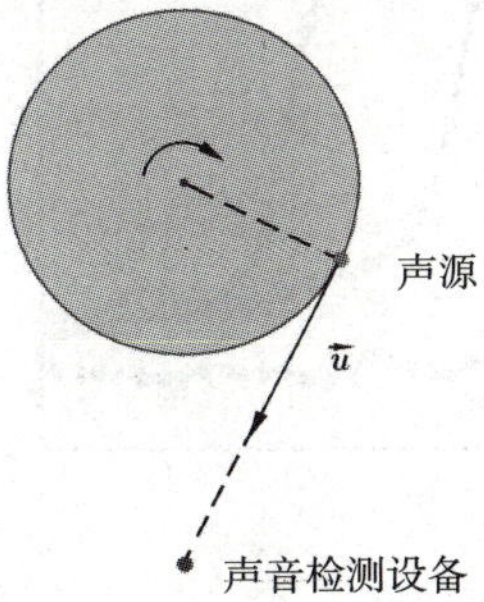

（a）结构示意图

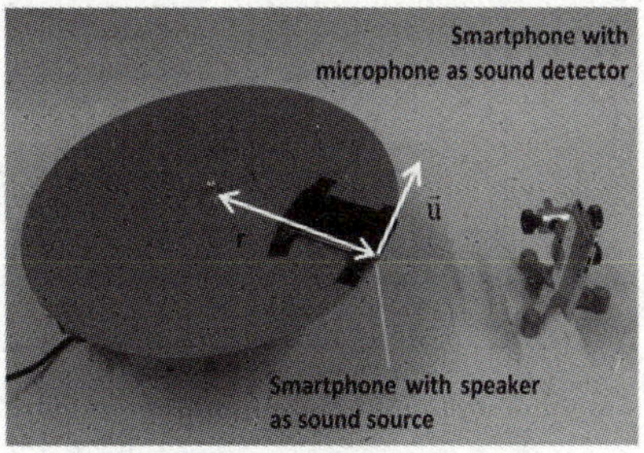

（b）实物照片

图 5.3　多普勒效应的观察平台

接着，测量圆盘旋转 100 圈所用的时间 t，估计圆盘旋转的周期 T，并计算出声源手机沿着检测手机方向的运动速度 u，

$$u = \frac{2\pi r}{T} \tag{5.3}$$

并且根据多普勒效应公式 5.2，当检测手机保持不动，即 u_d=0，且声源手机速度 u_e=u 时，检测的频率 f_d 为，

$$f_d = f_e \cdot \frac{c}{c \mp u} \tag{5.4}$$

那么，声速 c 为，

$$c = \frac{u}{1 - \dfrac{f_e}{f_{d,\max}}} = \frac{u}{\dfrac{f_e}{f_{d,\min}} - 1} \tag{5.5}$$

式中　$f_{d,\max}$，$f_{d,\min}$——分别表示检测频率 f_d 的最大值和最小值，如图 5.4 所示。

其中，一个手机作为声源，另一个手机作为声音的检测设备。

最后，结合高斯误差的传播公式，分析声速测量的不确定，即

$$\frac{\Delta c}{c} \approx \frac{\Delta f_{d,\max}}{f_{d,\max} - f_e} + \frac{\Delta T}{T} \tag{5.6}$$

其结果表明：声速的测量误差为 10%，其误差来源于频率测量、周期测量以及环境噪声等。

（5）教学效果及反思（Teaching Result）

本案例丰富了声学教学的教学资源，有助于学生理解多普勒效应，培养学生利用手机测量

声速的实践动手技能。但是，手机 App 测量声速的精度有待进一步提高。

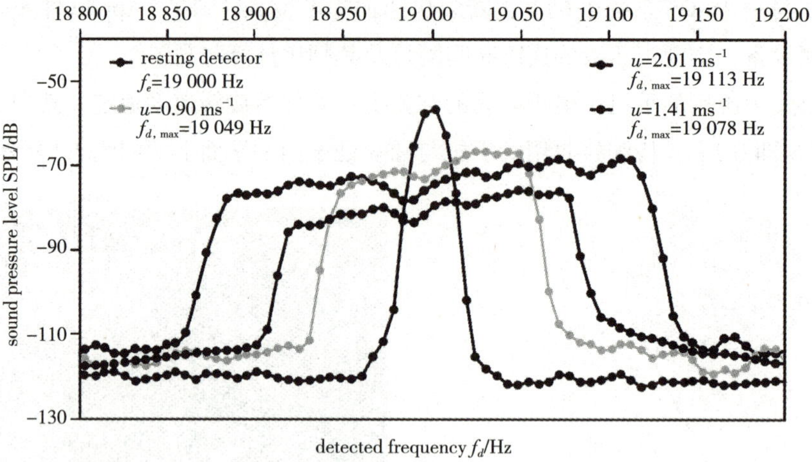

图 5.4　不同旋转速度条件下检测声音的频率谱图

5.2.3　案例 3：城市噪声地图

噪声（Noise）是一种无规律的声音，泛指引起人烦躁，甚至危害人体健康的一切声音。噪声作为主观评价，其大小通过曲线测量得到的声压级或声级来评价，单位为分贝（dB）。噪声已成为危害人类环境的一大公害，人口集中的城市噪声更为突出，它可能来自建筑工地的机器轰鸣声、公路上汽车的鸣笛声以及家用电器设施的电机声等，为此，适用于不同区域的噪声标准应运而生，表 5.1 所示为我国城市区域环境噪声标准，其中，我国城市中的学校区域为一类标准，即昼间 55 dB，夜间 45 dB。

表 5.1　中国城市区域环境噪声标准：城市五类环境噪声标准值　　单位：dB

类　别	昼　间	夜　间	适用区域
0 类	50	40	疗养区、高级别墅区和高级宾馆区等特别需要安静的区域
一类	55	45	居住、文教机关为主的区域
二类	60	50	居住、商业、工业混杂区
三类	65	55	工业区
四类	70	55	道路交通干线道路两侧区域，穿越城区的内河航道两侧区域

针对城市中的噪声测试分析，手机 App 融入教学过程的设计及其步骤如下所述。

（1）内容及动机（Motivation of Topic）

对于声学教学中噪声的物理量与主观感受之间关联性弱的问题，选取城市噪声为研究对象，鼓励学生走进城市噪声环境，测试不同区域噪声的声景（Soundscape），以唤起学生对室内外生活环境噪声的关注为目的。

（2）传统方法及其挑战（Traditional Method）

利用声级计（Sound Level Meters，SLM）等专业设备，如 Rion 公司的 NL-62 和 Ono Sokki 公司的 LA-4350 等，考察实验室模拟生成的噪声，不仅缺乏大尺度空间的高分辨定位能力，而且忽略了主观感受评价与物理量的关联度分析，不利于学生走进生活去体验与感受噪声。

（3）手机 App 新方法（App Method）

利用手机内置 GPS 和声音传感器，获取真实城市环境中噪声的声压等级（Sound Pressure Levels，SPL）和声音频谱、等效声级（Equivalent Sound Level，LAeq）等物理量，以及噪声的主观感觉评价，构建噪声地图，形成低成本的声景学习资源。

（4）实验条件、步骤、误差分析与校验更新（Setup & Calibration）

首先，选用 iOS 和 Android 系统的多个型号手机包括 iPhone 4、iPhone 8，安装不同的声压等级、声音频谱分析和等效声级测试手机 App，包括：

• Andrew Smith 公司的 SPL Meter，其未捆绑在 Audio Tools 且无矫正函数。
• Toon LLC 公司的具有矫正函数的 SLA Lite 和 Noise SPY。
• Bismark 公司的线性谱 FFT analyzer。
• Faber Acoustics 公司的 A，C 和 Z 权重和积分函数功能的 Signal Scope Pro 7。

其次，在吸波暗室中，利用扬声器产生从 125 Hz 到 4 kHz 频率的噪声，其声强以 10 dB 为步长从 90 dB 到 30 dB 线性减小，在测量高度为 1.5 m 处，对比手机和专用声压计的实验测试结果。

然后，分析手机测量等效声级 LAeq 的精度。

• Android 系统手机的数据测量偏差和非线性较为显著。
• 对于测量 40 dB 以上声音，iOS 系统如 iPhone X 手机的数据测量非线性不显著。
• 对于数据测量一致性，iOS 系统 iPhone 手机与专用的声级计相吻合。
• 安装 SLA Lite 软件的 iPhone 8 手机具有最高的 LAeq 测量一致性和精度，如图 5.5 所示。

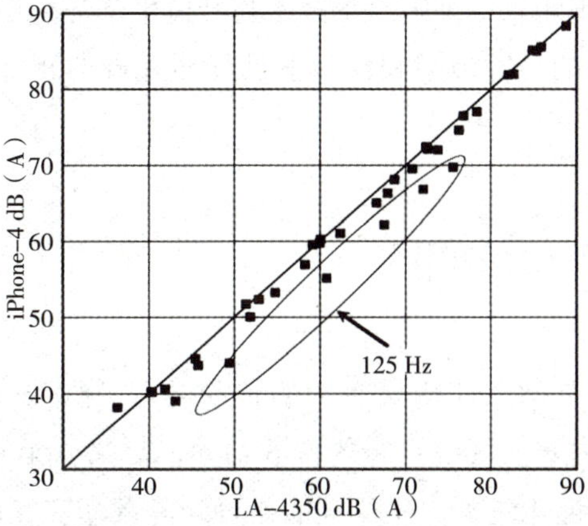

（a）iOS 系统

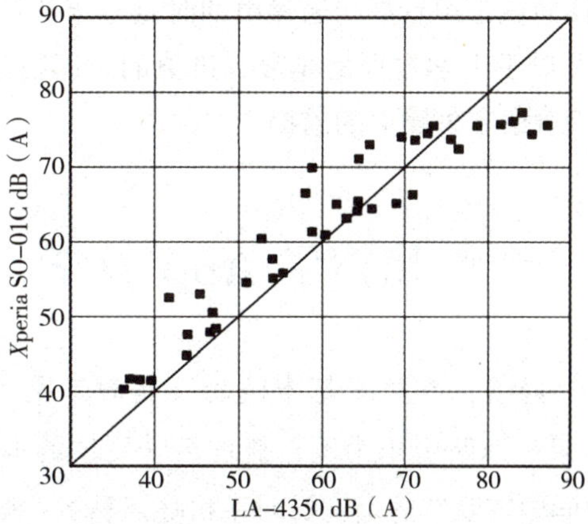

（b）Android 系统

图 5.5　手机与专用设备的等效声级测量对比

接着，利用塑料泡沫制作挡风屏，避免室外风对测量结果的干扰。

最后，利用矫正后的手机及其 App，到室外随处走动或骑行，记录下听到的环境声音，包括手机测量的物理量，包括等效声级 LAeq、频谱、主观感受及其文本标注，结合测量点的位置地图，制作出城市噪声地图如图 5.6 所示。

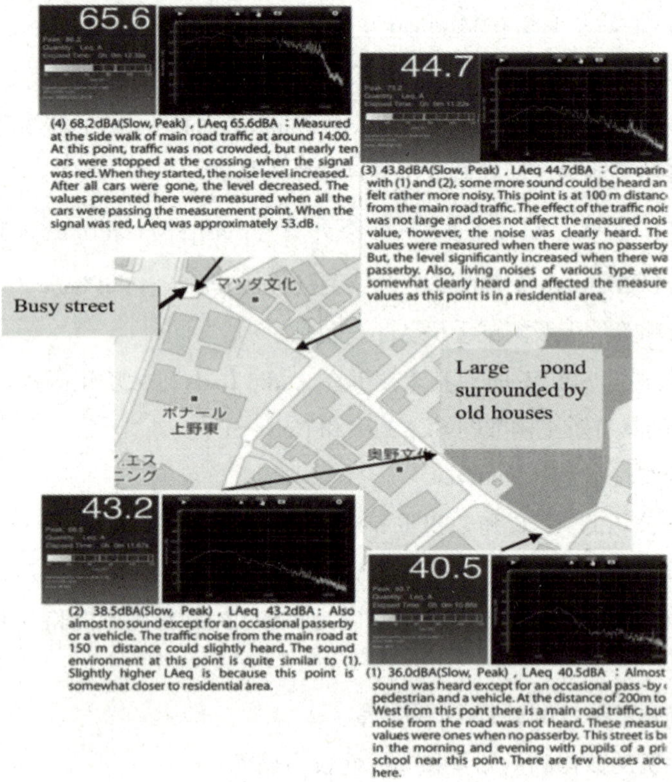

图 5.6　手机 App 的噪声地图

（5）教学效果及反思（Teaching Result）

以“记录声音，识别声音”作为测试活动，亲自参与噪声和主观感受相关联的声音地图构建，体验城市声音如交通噪声的时空分布及其主观印象，理解声景技术与舒适生活环境设计，这无疑对于中学教育是非常有价值的。值得注意的是，检测和校验手机及其 App 的测量精度是准确观察室外噪声的前提。

5.3　个性化声学 App 教学设计与实践

导读：在声学基本概念及其教学案例的基础上，构建声学的移动学习 App 设计框架；以听音乐为例，梳理声学现象的描述方法；围绕声音的接收活动，定义 App 的教学内容及其界面；针对手机扬声器的声场可视化任务，开展 App 编程及其教学实践，培养学生借助手机 App 探索身边声音现象的能力。

5.3.1　声学 App 教学框架设计

从声音的产生、传播、接收及效应等基本概念和规律的深入理解和灵活运用出发，构建如图 5.7 所示的手机 App，包括内容、活动和移动学习（m-Learing）3 个基本模块。

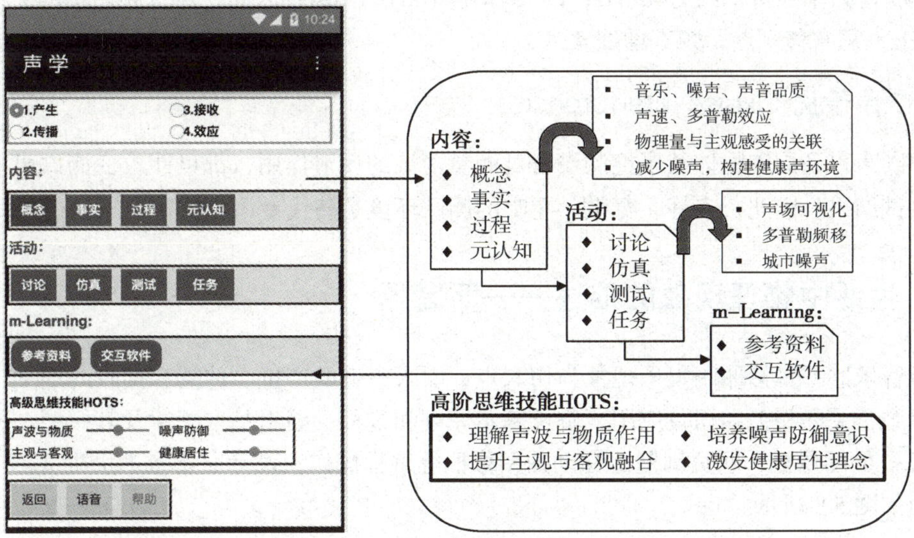

图 5.7　声学的移动学习 App 设计框架及其界面示例

手机 App 声学教学作为一种自带设备的声学现象探索与实践，手机内置声音传感器的输入特性和语音信号预处理等硬件和软件的差异性，可能引起测量结果的精度和一致性问题。因此，通过与声级计专用标准设备等作对比校正，选择合适的手机型号及其 App 软件；理解手机 App 开展实验教学的数据获取过程，合理规避手机的差异性问题，同时，注意下述几点。

1）声压级（Sound Pressure Level，SPL）

声压是描述声音大小的物理量，表示声波在某一点产生的压强的均方根，它本质上是叠加在大气压上的微小波动。考虑人耳对声音的响应特征，把声压 p 与参考声压 p_{ref}（如大气静压强 $1.013\,25\times10^5$ Pa）的比值取对数，再乘以 20，即声压级 L_p 作为常用声压物理量，单位为分贝（dB）：

$$L_p = 20\log\left(\frac{p}{p_{ref}}\right) \tag{5.7}$$

实际上，声压的测量误差可能来自手机内置话筒的频率响应特性差异，也可能来自软件的不恰当数据处理，因此，校验手机及其 App 测量的有效性和可靠性，提高声压测量的精度是至关重要的。

2）声音频谱（Sound Spectrum）

声音为连续的时间信号，通过 A/D 转换后，利用 FFT 可获得声音的频谱。其中，A/D 的采样频率 F_s 应满足香农采样定律，即采样频率 F_s 应不小于待采样声音的最高频率 f_m 的 2 倍，那么，对于数据长度为 N 的 FFT 所获得的频率分辨率 Δf 为：

$$\Delta f = \frac{F_s}{N}$$

$$F_s \geqslant 2f_m \tag{5.8}$$

例如，对于最高频率为 20 kHz 的音频信号，经过 44.1 kHz 的 A/D 采样后，作 1 024 个点的 FFT，获得频率分辨率约为 43 Hz，即 Δf=44.1 kHz/1 024；因此，声音频谱图的 x 轴最小坐标为 43 Hz，每右移一点，频率增加 43 Hz。

3）噪声干扰（Noise Interference）

外部噪声以及周围物体甚至检测设备对测量声波的反射作用，都可能改变测试声场，影响声音的测试结果。因此，安静、宽敞、空旷的测试环境是替代专用吸波室的不错选择。

5.3.2 生活中物理现象的描述——听音乐

以听音乐这一日常休闲娱乐现象为切入点，引入声音的产生、传播和接收的定义，采用时空发散思维，关联相关知识及应用，解析基本原理和过程，给出基本规律及其模型。进一步结合手机 App 的图像框、网页浏览框和动画图像框等编程操作，设计声学教学手机 App “现象描述”界面如图 5.8 所示。

1）背景与引入

手机 App 的图片和网络影视素材聚焦音乐这一话题。音乐可以促进植物的快速生长，可以带给男女老少快乐，还有利于青少年学生调节和改善情绪、减小压力并释放焦虑、促进身体健康并增强记忆等，因此，人们日常活动往往伴随音乐，比如开车时听音乐，走路、吃饭时也听音乐，如图 5.9 所示。

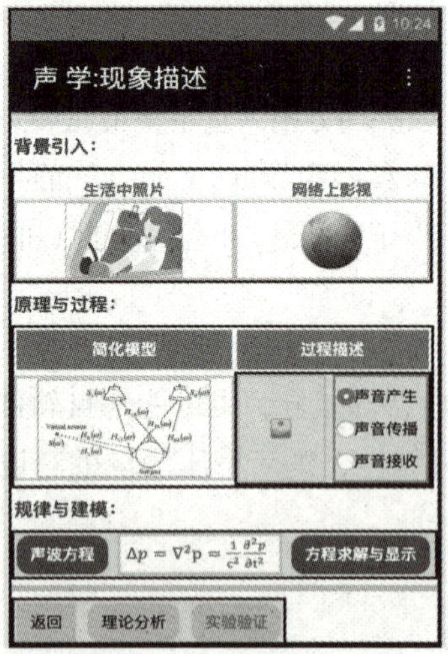

图 5.8　声学现象描述的 App 界面

图 5.9　音乐陪伴驾驶

2）原理与过程

听音乐是人对电声系统产生声场的主观感受过程，由电声换能器件（扬声器）、空间环境和人等要素组成，具体过程如下所述。

• 声音的产生

以动圈式扬声器为例，根据法拉第定律，当处于磁场中的音圈有音频电流时，就产生随电流变化的磁场，这一磁场和永久磁铁的磁场发生相互作用，使音圈沿着轴向运动，带动纸盆振动，推动空气而发声。

信噪比、失真度和频率响应是音响的 3 个性能指标，用于量化声源的品质。其中，信噪比（Signal-Noise Rate，SNR）定义为：

$$\mathrm{SNR} = 20\log_{10}\frac{S}{N} \tag{5.9}$$

式中　S——信号的声压；

N——噪声的声压。

• 声音的传播

产生的声音以空气为媒介形成声波传播，传播途中受外界噪声、障碍物的反射、吸收和衍射等影响。

声波在进入人耳鼓膜时，受人体的反射、折射和衍射而扭曲变形，大脑能根据经验判断出声源的方位和距离，其原理可定义为人两耳间声音的时间差、强度差和谱信息特征的头部相关传输函数（Head Related Transfer Functions，HRTF），并把 HRTF 作为音效定位算法，使人可以通过聆听两个扬声器来定位声源，形成虚拟声源，从而感受到真实的声场感，如图 5.10 所示。

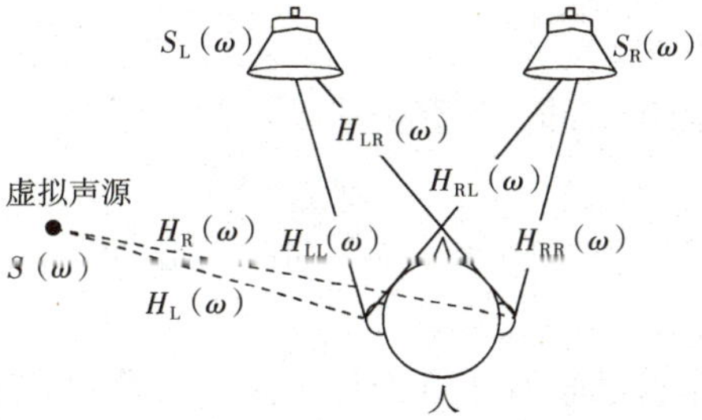

图 5.10　人接收左和右扬声器，S_L，S_R 的声音形成虚拟声源

• 声音的接收

声波在进入人耳鼓膜时，引起鼓膜后的 3 块听小骨连动，将声波转换为固体振动，并由耳蜗螺旋器将振动转变为神经冲动，这些神经冲动沿着听神经传向大脑的听觉中枢，经过分析、加工、整合、处理后形成听觉，并能够判断声源的方位和距离，从而完成声音接收。

人耳对不同频率的声音敏感性称为人耳的等响度曲线，并且不同的人耳的等响度曲线存在差异。根据文献［19］提供的声音数据和实施方法，可以获得特定人耳的等响度曲线，其中 ISO R226（1961）标准的典型曲线如图 5.11 所示。可见，3 500 Hz 频率所对应的听觉阈值最小，约为 –4 dB，因而人耳最容易听到 3 500 Hz 的声音，因此，把人耳的等响度曲线引入到信噪比指标后，由此获得结果更加接近人耳对音乐的感受效果。

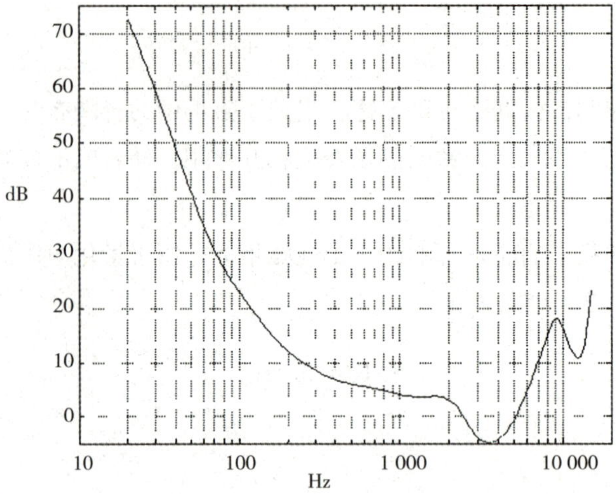

图 5.11 ISO R226（1961）标准的人耳的等效曲线

3）规律与建模

声波作为一种机械波，本质是介质的机械振动。当满足理想气体、小振幅声波和声源可近似为非常小的球体等假设时，由波动方程公式 5.9 可以导出声波方程：

$$\Delta p = \nabla^2 p = \frac{1}{c^2}\frac{\partial^2 p}{\partial t^2} \tag{5.10}$$

式中 p——声压；

c——声速；

t——时间。

进一步近似可以得到室内稳态的声压级公式 5.1。

5.3.3 App 实验内容及功能定义——声音接收

根据如图 5.7 所示的声学移动学习 App 设计框架以人聆听音乐作为声音接收活动，把手机声场的可视化为一个具体教学活动，那么，从物理现象、概念、仿真及实验 4 个方面，结合手机 App 编程基础，构建声音接收 App 界面及其功能模块如图 5.12 所示。其中，现象、概念和仿真等界面及其功能见上一章节物理现象的描述，如图 5.8 所示，接下来重点介绍实验设计及其实现。

听音乐这一声音接收过程，涉及的待测物理变量包括时间、位置坐标、声压级等，可由手机内置的计时器、方向和声音等传感器获得。另外，声源与检测点之间的距离、噪声、人和设备等因素影响声音的接收。利用手机 App 数据可视化方法，包括数字、波形和动画显示，对比观察声学现象的物理量和主观评价等级，分析测量误差及其原因，具体实验内容如下所述。

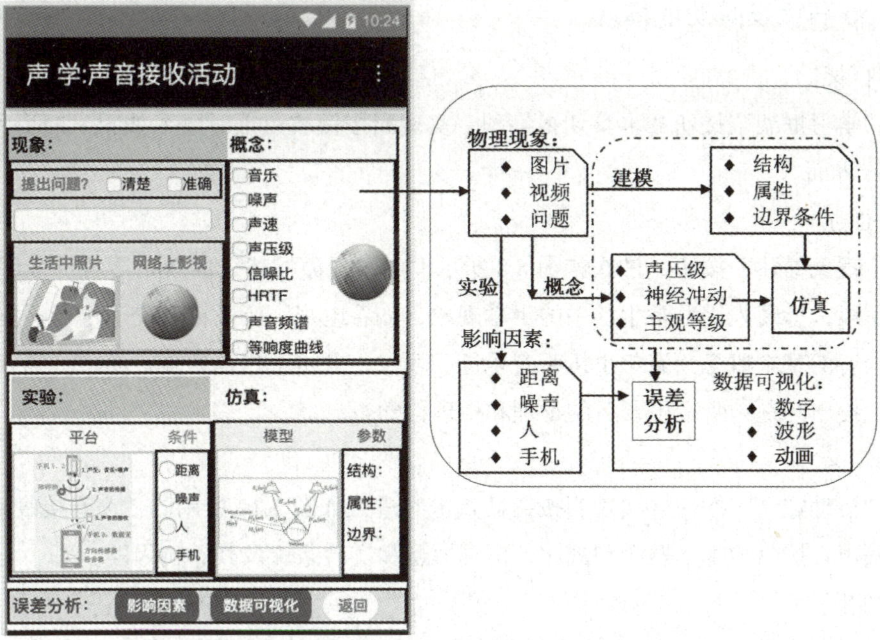

图 5.12　听音乐场景中的“声音接收”App 界面及其模块框图

1）理想空间中声源的声强分布

在安静、宽敞、无障碍物的场地，利用一个手机以固定音量播放特定频率的声音，用另外一个手机获取不同空间坐标位置和方向的声压级，给出不同的频率和音量条件下声场的声压级空间分布图，并与理论分布作比较，考察测量误差。

2）不同信噪比声音的主观感受

利用第三个手机播放白噪声，通过调节播放音量，达到改变背景噪声大小的目的，重复步骤 1），计算出信噪比 SNR 空间分布并标示出主观感受。

3）障碍物对声场的影响

在障碍物或者人进入测试声场环境条件下，重复 1）、2）步骤，获得声场的声压级空间分布图及其主观评定等级。

4）声音测量的设备依赖性

探索至少 3 种不同型号手机的测量结果，对比分析声压级数据及其空间分布图。

5.3.4　App 编程实现及教学应用 2——手机声场可视化

从声学的移动学习框架出发，结合听音乐现象描述，针对声音接收活动，以手机为声源并以手机为接收器构成声音接收场景，构建并实施声场的可视化手机 App。

1）App 界面及其功能模块

• 学习框架

利用“学习框架”按钮的屏幕切换编程，实现当按钮被点击时进入如图 5.7 所示的声学移动学习 App 界面。

• 现象描述

设置“现象描述”按钮，进入如图 5.8 所示“声学现象描述”的 App 界面，以图片和互联网影像为手段，呈现人们日常生活中的声学现象，如看电视、听歌曲和交通出行播报等，明确人耳接收声音的基本概念，聚焦手机听音乐这一场景，分析手机扬声器产生声音到人耳接收声音的过程，提出问题：听音乐背后的物理和生理科学？

• 活动定义

设计“活动定义”按钮，实现当按钮被点击时进入如图 5.12 所示的“声音接收活动”App 界面，明确声音接收的基本概念和规律、仿真模型和实验条件及其影响因素。

• 教学实践

利用“教学实践”按钮，呈现真实实验环境的交互式虚拟场景及其实时参数显示界面，如图 5.13 所示。其中，交互式虚拟场景由播放音乐或噪声的手机、检测声音的手机以及石膏人体障碍物等图像精灵构成，并用球形精灵来标记它们的空间位置；另外，用单选框来选定音乐或噪声类型，通过文本输入框、滑动条和列表选择框来设置音乐频率、音量大小和噪声类型等，利用手机拾音器、ALS、方向和计时器等传感器获得真实环境参数，包括声压级 L_p、检测距离 r 及其方向角度等，用于动态更新虚拟场景中的等声压级线等参数；此外，通过可视化方式比较实验测试值和理论值的差别并分析误差及原因；同时具备测量数据的本地文件保存和远程分享功能。

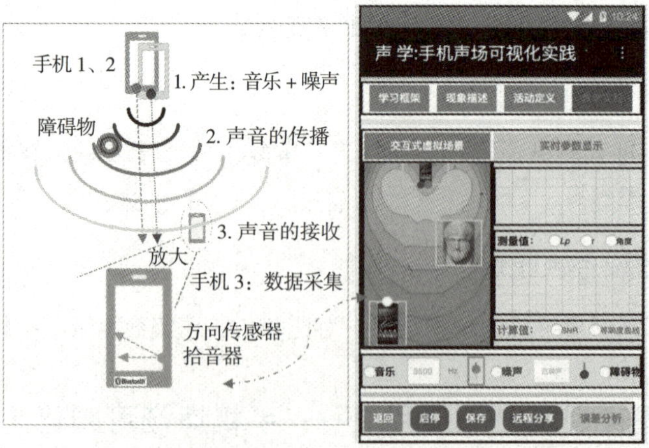

（a）示意图　　（b）“教学实践”对应的 App 界面

图 5.13　手机声场可视化

2）手机 App 的软件编程实现

• 虚拟场景的初始配置

首先，定义函数“产生音乐”，结合音乐单选框的“选中”与否，把输入文本框指定的音乐文件，即某一频率正弦波的 wav 文件（来源于 MATLAB 等软件合成或网络资源，如文献[19]），用从多媒体中拖曳的“音频播放器”进行播放，其音量大小由“音乐音量”垂直滑动条的滑块位置确定；同理，定义函数“产生噪声”，由列表框的选中项和垂直滑动条的滑块位置分别指定噪声类型和噪声大小，如图 5.14 所示。

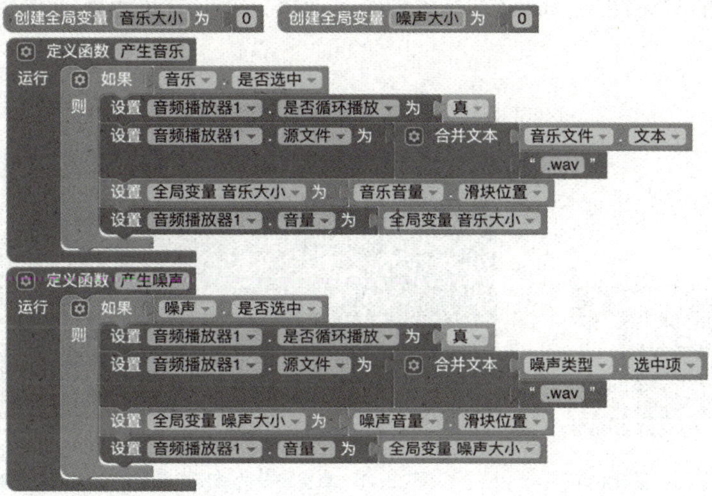

图 5.14　播放手机中的音乐和噪声声源及其类型、频率和音量配置

其次，定义函数“更新虚拟模型”，根据虚拟场景需要，创建全局变量“检测手机方向”“检测手机距离”“障碍物距离”，并结合图 5.14 中设置的声源音量大小的全局变量“音乐大小”和“噪声大小”，分别作为信号和噪声指示的球形精灵以及检测手机与障碍物人头的图像精灵的“半径”“长”和“宽”的映射量，实现物理量的可视化，如图 5.15 所示。

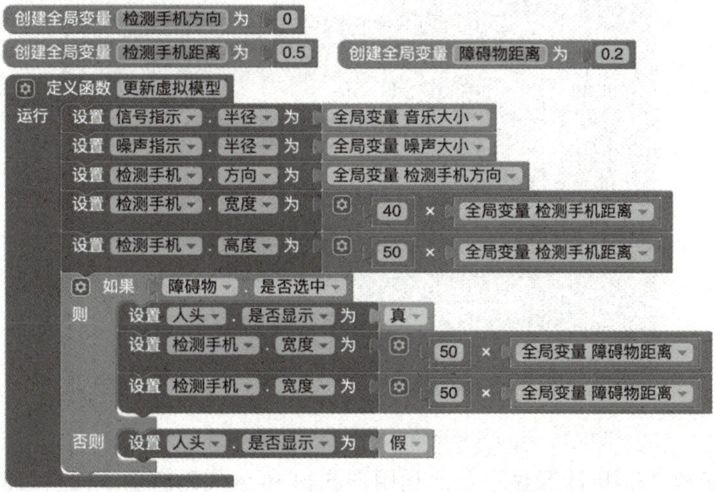

图 5.15　虚拟场景中声源、检测和障碍物等图像的测量参数更新

最后，当“交互虚拟场景”按钮被点击时，执行如图 5.16 所示操作。首先调用如图 5.14 所示的“产生噪声”和“产生音乐”函数，播放指定参数的声音，形成测试声源，同时调用如图 5.15 所示操作“更新虚拟模型”函数配置虚拟模型界面中声源、检测器和障碍物的位置。

• 虚拟场景的测量值更新

首先，定义函数“真实环境参数”，如图 5.17 所示。利用组件面板的传感器包括距离传感器、声音传感器和方向传感器，获得距离、最大振幅和角度等物理量，并分别保存在创建的全局变量“测量距离”“测量声压”和“测量角度”中。其中，部分手机的内置距离传感器返回值只有障碍物的有无结果，而没有具体的距离数据，此时它可由 ALS 传感器估计或直尺测量方法获得。

图 5.16 虚拟场景的设置参数读取及其初始状态配置

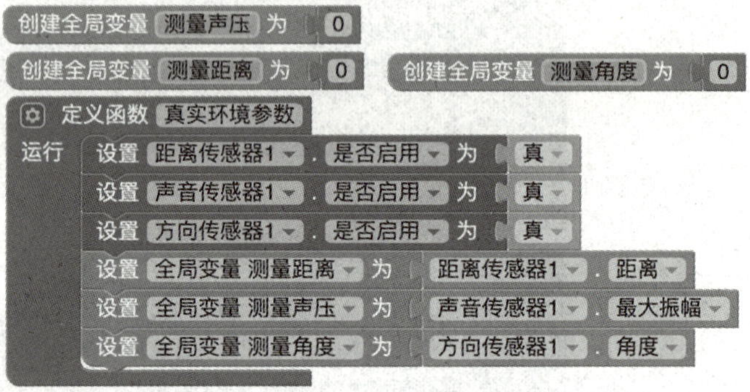

图 5.17 真实场景的声压、距离和角度读取及其保存

然后，定义函数“测量更新显示”，利用图 5.17 所示函数获取的真实实验环境中距离、最大振幅和角度等物理量，映射到虚拟场景并更新其状态，如图 5.15 所示，同时，在测量画布中用画点的方式，给出距离 - 声压和角度 - 声压波形图，如图 5.18 所示。

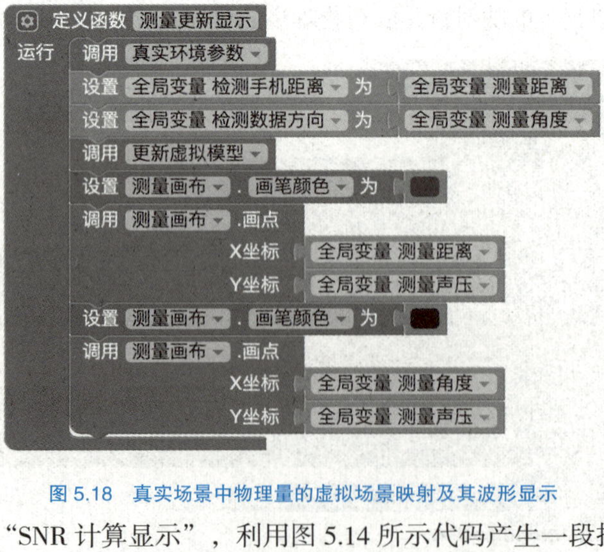

图 5.18 真实场景中物理量的虚拟场景映射及其波形显示

其次，定义函数“SNR 计算显示”，利用图 5.14 所示代码产生一段持续时间为 2 s 的音乐

信号，借助图 5.17 所示函数获得真实场景的测量声压并保存到全局变量“变量信号”中，同理，产生一段噪声信号并把测量声压结果保存在全局变量“变量噪声”中，根据公式 5.10 计算出信噪比 SNR，这里用 ln 近似了 log 函数，并在测量画布中以画点的方式给出测量距离 -SNR 波形，如图 5.19 所示。

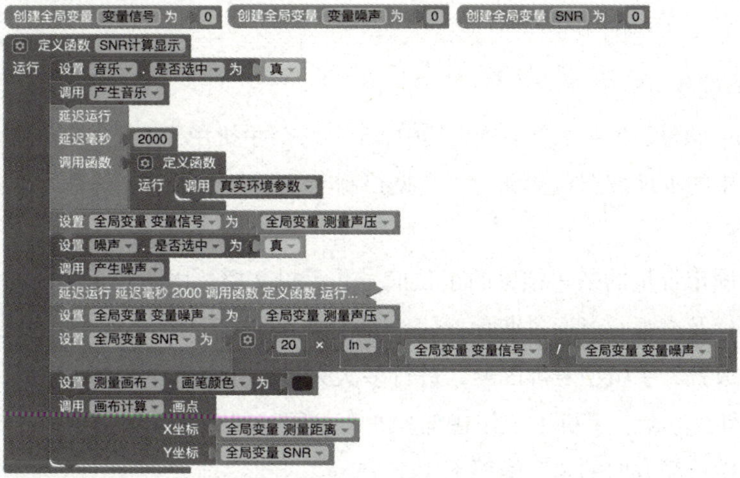

图 5.19　真实实验环境中 SNR 的计算及其波形显示

接着，定义函数“等响度曲线计算显示”，音量等级从小到大设为 1 ~ 10 级，步长为 1，播放特定频率的正弦波信号并持续 2 s，当人耳刚好能够听见时，点击“实时显示”按钮，保存此时测量的声压到全局变量“最小声压”，作为人耳能听到的最小声强，在画布中调用画点函数进行声音频率 - 最小声强的波形显示，如图 5.20 所示。

最后，在“实时显示”按钮被点击函数中调用“测量更新显示”“SNR 计算显示”和“等响度曲线计算显示”定义函数，实现声场的测量与可视化，如图 5.21 所示。

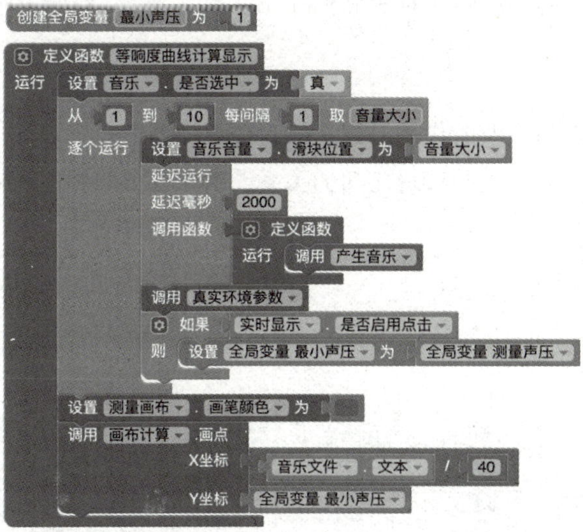

图 5.20　真实实验环境中等效度曲线计算的及其波形显示

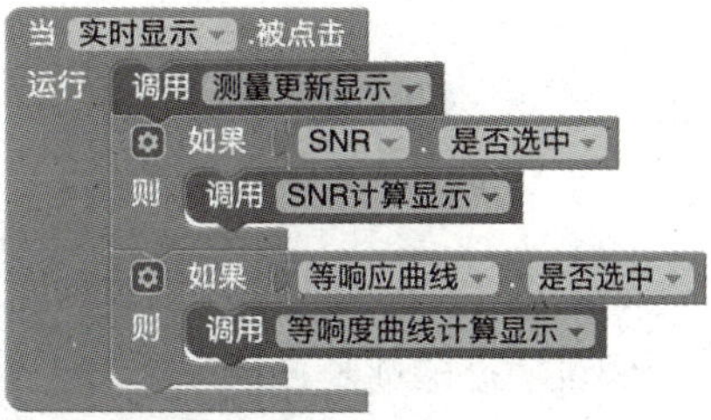

图 5.21　真实实验环境的测量及其虚拟场景显示更新

• 数据的保存与分享

当点击“保存”按钮时，可将存放在全局变量中的测量值和计算物理量，包括声压、距离、角度、频率、SNR 和等响度曲线等存放在 CSV 文件中，具体参见 3.3.2 章节。另外，由“远程分享”按钮启动蓝牙通信与网络存储功能，具体编程参见 3.3.3 章节。

3）实验条件、步骤和内容

• 实验材料与设备

自主手机 App 软件，2 ~ 4 个手机，其中，1 ~ 2 个手机用于产生音乐或噪声，另外 1 ~ 2 个手机用于声场中的本地数据检测和远程数据控制与显示。

• 步骤与内容

手机 1 播放固定音量的某一频率的正弦信号，手机 2 播放固定音量的白噪声信号，手机 3 记录空间位置坐标及声强，可通过蓝牙通信传至手机 4 的远程监控上。改变声音的类型及其音量大小、障碍物放置、手机型号等因素，进行多次测量。具体步骤如下所述。

步骤 1：手机 2 停止、手机 1 工作在至少 5 个不同等级音量下，用手机 3 测量各音量声场的强度分布，其中检测方向的角度间隔不大于 15 度。

步骤 2：手机 2 工作、同时手机 1 工作在至少 5 个不同等级音量下，用手机 3 测量各音量声场的信噪比分布，并标注主观评价等级。

步骤 3：引入障碍物后，重复步骤 1 和 2。

4）实验结果及误差分析

导出实验过程中保存到 CSV 文件的测量值及计算值，描述手机和人的差异性对客观物理量和主观指标的影响；利用功能更为强大的计算机数据分析处理软件 MATLAB，将测试结果与声波方程和室内稳态的声压级公式推导计算出的理论值作对比分析。

5）教学效果与反思

勇于挖掘日常生活中的声学现象，探索人与声波的作用过程，体验客观物理量与主观评价等级的关联性，有利于增强学生理解人与人之间、人与环境之间的关系，引导青少年关注和保护地球环境。

5.4 学习与思考

任务 1：用“百度”等搜索引擎，查找声学领域的重要历史名人资料，总结出至少 3 个物理学家的成长日记、成就与贡献、社会认可和应用等信息，以 PPT 的形式进行宣讲。

要求 1：

• 成长日记：学习、工作、个人爱好以及生活时代背景等信息，给出重要时间、图片及其必要解释。

• 成就与贡献：重要理论和实验装置的图、公式和文字解释。

• 社会认可：重要获奖等。

• 研究成果应用：各应用领域的图、名称及其必要解释。

任务 2：观察并选择身边的声学现象，设计并实施手机 App 教学，给出 App 源代码、安装包 APK 以及项目总结汇报 PPT，其中，PPT 包括声学教具制作与实施的图片和 App 教学及反思等内容。

要求 2：

• 物理现象的描述：反映现象的照片或视频，给出涉及的基本概念和规律，并作必要的理论解释。

• 实验内容及其手机 App 定义：明确观测变量及其影响因素，清楚阐述具体实验内容以及 App 功能。

• App 编程实现及教学应用：给出选定场景的个性化手机 App 的实施过程包括界面设计和逻辑设计的方法，给出教学实施的步骤和结果，并对实验测试结果与理论值作误差分析。

第 6 章

手机内置传感器的光学应用

教学目标：

从手机内置光学传感器的应用出发，熟悉光学的基本概念、事实、规律和应用，学习光的产生、传播、接收和显示等 App 教学案例的设计方法与实施步骤，构建光学模块的移动学习资源，开发个性化光学教学活动的手机 App，促进光学基本概念和规律的深入理解。

重点难点：

光强与照度、光路搭建、虚拟场景。

教学内容：

①回顾光学领域的著名物理学家及其贡献，熟悉光学的基本概念和规律，了解光学发展历程和态势。

②学习照相机焦距测量、光强衰减测试和显微成像等 3 个手机 App 教学案例，解析教学案例构建的方法和步骤。

③以生活中的显示器为引入，学会以光强测量为核心的手机 App 实践活动的设计与实施。

6.1 光学领域名人与实验

导读：了解光学领域著名物理家的贡献，体会发现问题的动机和方法，感受光学技术带给人类的福祉。

光学（Optics）是研究从微波、红外线、可见光、紫外线到 X 射线和 γ 射线等频率范围内的电磁辐射的产生、传播、接收和显示，及其与物质相互作用的科学，是物理学的一个重要组成部分。“人为什么能看见物体”，这是 2000 多年前古希腊的欧几里得（Euclid，前 330—

275）提出的关于光学的最早记录，他研究了平面成像，并提出了入射角等于反射角的反射定律。由此，拉开了光学从几何光学到波动光学，再到量子光学的序幕，同时推动了现代光学和应用光学的蓬勃发展，图 6.1 所示为可编程光子电路。

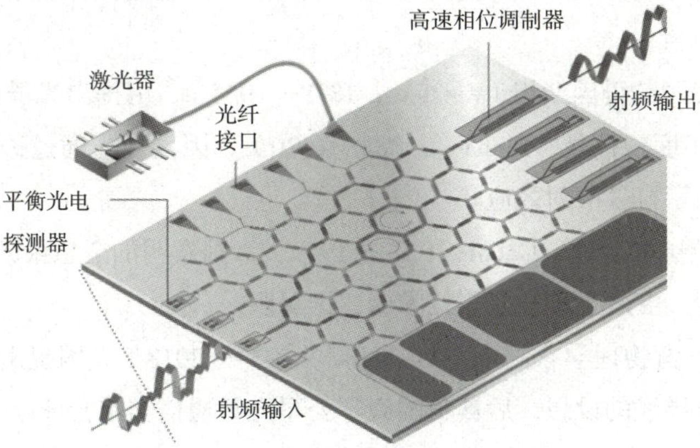

图 6.1　可编程光子电路

从几何光学的发展来看，希腊的托勒密（Ptolemy，约 90—168），研究了光的折射现象，测量了两种不同介质分界面的入射角和反射角，由此引出了充满水的玻璃泡具有放大性能等折射现象实验。后来，荷兰的斯涅尔（Snell，1580—1626）进行了光的折射理论总结，得出了折射定律。

从波动光学的发展来看，历史上伟大的光学贡献者莫过于英国的牛顿（Newton，1643—1727），在 1666 年，年仅 23 岁的牛顿发现了红、蓝纸板的色散现象和牛顿环等，形成了牛顿颜色理论，并提出了光的微粒学说。后来，法国的笛卡尔（Descartes，1596—1650）撰写了《屈光学》，提出了光的波动学说，并由荷兰的惠更斯（Huygens，1629—1695）、英国的托马斯·杨（Thomas Young，1773—1829）等不断完善，提出了子波和波阵面为核心的惠更斯原理，给出了牛顿环现象的波动性解释，设计出了杨氏双缝干涉实验，奠定了波动光学的基础。进一步，法国的菲涅耳（Fresnel，1788—1827）采用数学分析手段并结合惠更斯理论，解释了光的衍射现象，开展了菲涅耳双棱镜实验，提出了惠更斯 - 菲涅耳原理。另外，法国的马吕斯（Malus，1775—1812）利用方解石，发现了光的极化和偏振现象，进一步，英国的法拉第（Faraday，1791—1867）发现了偏振光的振动面在强磁场中旋转的现象，揭示了光和电磁波的内在联系，最终，英国的麦克斯韦（Maxwell，1831—1879）建立了统一电磁场理论，把光归纳为一种电磁现象。

从丹麦的罗默（Romer，1644—1710）利用天文学方法第一次测出光速，到美国的迈克尔孙（Michelson，1852—1931）等开展了光速的实验室测定，再从起源于牛顿的光谱研究，到德国夫琅和费（Fraunhofer，1787—1826）的太阳光谱检验，再到英国米勒的金属盐类的吸收和发射光谱研究，最后到德国基尔霍夫（Kirchhoff，1824—1887）创建了光谱分析理论，开启了现代光学及其应用的新纪元。近百年来的诺贝尔物理学奖，多次授予在光学领域作出杰出贡献的物理学家，这表明光学研究无限的魅力。

- 1901 年，授予德国的伦琴（Rontgen，1845—1923），因其发现伦琴射线或 X 射线。
- 1908 年，授予法国的李普曼（Lippmann，1845—1921），因发明了彩色照相干涉法。
- 1911 年，授予德国的维恩（Wien，1864—1928），因确定黑体辐射的关系，提出维恩辐射定律。
- 1921 年，授予美国的爱因斯坦（Einstein，1879—1955），因提出光子，解释了光电效应。
- 1930 年，授予印度的拉曼（Raman，1888—1970），因发现光通过透明物质时波长发生一定变化，提出了拉曼散射效应。
- 1971 年，授予英国的盖博（Gabor，1900—1979），因发明的全息摄影技术，记录了物体各点的空间位置，突破了传统摄影技术的二维局限。
- 2009 年，授予华裔物理学家高琨（Kuen Kao，1933—2018），因提出光代替电流，用玻璃纤维代替金属导线的设想，后被美国康宁公司光纤通信实验验证。
- 2014 年，授予日本的中村修二（Nakamura，1954—），因发明蓝光 LED，推动力 LED 照明技术的实用化。
- 2018 年，授予美国的阿十金（Ashkin，1922—2020），因发现光的辐射压力现象，并解释为光学梯度和散射力，发明了光学镊子。

6.2 光学 App 教学案例

导读：学习基于手机内置光学传感器的 3 个手机 App 教学案例，掌握焦距、光强和光学成像等手机 App 教学的设计方法和实施过程。

6.2.1 案例 1：手机照相机焦距

焦距（Focal Lenght，f_L）或焦长是表征光的聚集或发散度的物理量，反映了平行光入射时透镜中心到光聚集的焦点的距离，其中，透镜的焦距与其形状和材质有关。根据薄透镜成像的物像公式，并假设在空气中使用，薄透镜的焦距 f_L，即透镜制造者公式为：

$$f_L = \frac{1}{(n_L - 1)\left(\frac{1}{r_1} - \frac{1}{r_2}\right)} \tag{6.1}$$

式中 n_L——透镜材料的折射率；

r_1，r_2——分别为透镜左右面的曲率半径。

手机的照相软件已经成为人们日常生活中的常用工具，例如旅途中拍摄美景、学习中记录重要内容以及聚会时留住欢歌笑语。照相机的焦距是衡量手机照相性能的主要指标之一，它是从手机照相机光学镜片的光学中心到 CCD 或 CMOS 成像平面的距离。针对手机照相机焦距的测定，手机 App 教学案例的设计如下。

1）内容及动机（Motivation of Topic）

针对拍照工具中薄透镜组的几何光学成像内容，选取手机内置的照相机为对象，获得照相机的焦距为实验目的。

2）传统方法及其挑战（Traditional Method）

基于聚光透镜公式和笛卡尔折射定律的平行光聚焦法或平行光光线法等传统的焦距测量方法，对现实生活场景中使用的紧凑型、非开放的手机照相机而言，存在操作困难，互动体验差等缺点。

3）手机 App 新方法（App Method）

利用手机内置照相机（或 CCD 传感器），获取实验条件下定标物体的图像，分析毫米级 CCD 传感器上成像的图像尺寸大小。其中，手机拍摄不同距离的标准物体的光路示意图如图 6.2 所示，那么，手机内置相机的焦距可以通过几何光学中的透镜和放大方程获得：

$$
\begin{gathered}
\frac{1}{\overline{OA'}} - \frac{1}{\overline{OA}} = \frac{1}{f'} \\
\gamma = \frac{\overline{OA'}}{\overline{OA}}
\end{gathered}
\tag{6.2}
$$

式中　$\overline{OA'}$、$\overline{OA}$——分别表示透镜到 CCD 以及透镜到物体的距离，f'为透镜的焦距，r 为放大因子，即两个距离的比值。

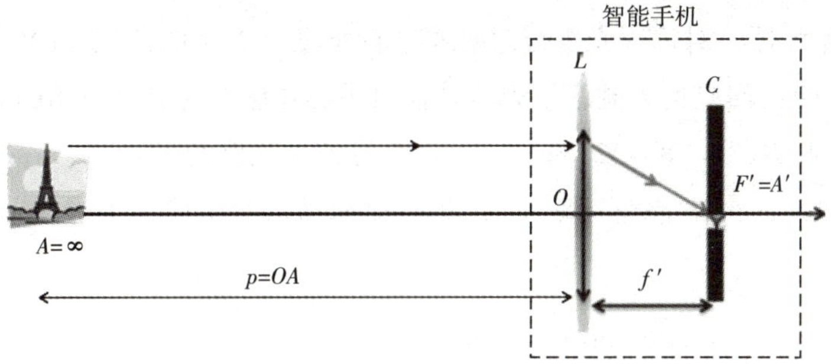

图 6.2　手机照相机成像的几何光路图，包括透镜 L 和 CCD 传感器 C

4）实验条件、步骤、误差分析与校验更新（Setup & Calibration）

首先，确定成像物体几何尺寸大小。

然后，改变该物体与手机的距离，注意，物体与手机的距离不能太近。

接着，计算焦距和放大因子。

最后，利用物体距离的测量值，估算焦距并分析其测量误差。

5）教学效果及其反思（Teaching Result）

以生活中的手机照相机来引入几何光学的学习，激发学生学习兴趣，提供交互学习资源，但是，焦距的测量精度和准确度不够，仅适用于教学目的。

6.2.2 案例 2：光传播距离

在光的传播过程中，传播途中的每一点都可以看作是一个次波点源，发射的是球面波。光的传播方向和距离与传播光的介质有关，光传播的规律主要列举如下所述。

- 负二次方定律（Inverse Distance Squared Law）。当光源强度为各向同性，如白炽灯泡时，某点的光强 I 与点到光源的距离 r 的平方成反比，即

$$I \propto r^{-2} \tag{6.3}$$

- 朗伯 - 比尔定律（Lambert–Beer Law）。当平行单色光垂直通过均匀非散射的吸光物质时，吸光物质的吸收系数 μ 及其厚度 d 成正比，透射光的强度 I 与吸光物质的吸收系数 μ 及厚度 d 成如下关系，

$$I = e^{-\mu d} \Leftrightarrow \ln I = -\mu d \tag{6.4}$$

- 马吕斯定律（Malus's Law）。当光为线偏振光时，光强 I_0 在通过检偏片后，透射光的强度 I 正比于入射光偏振方向与检偏片方向之间的夹角 θ 的余弦函数的平方，即

$$I = I_0 \cos^2\theta \tag{6.5}$$

这里，光强 I 是 Poynting 定理中的能量流，单位为 W/m^2。

利用手机内置的照相机和光线传感器，并结合衰减片、偏振片和滤波片等外部光学元件，获得光强随距离、角度和波长的变化关系。例如，利用 Asahi 或 CVI Melles Griot 公司 320 nm 紫外（UV）带通滤波器，对输入光进行散射或过滤处理，分析太阳光的 UV 光谱如图 6.3 所示的手机实验教学，以此回应世界健康组织紫外辐射中心和癌症委员会发出的关于太阳光谱中 A 段（320~400 nm）和 B 段（280~320 nm）UV 光会导致皮肤癌的警告。

针对光传播的负二次方定律、朗伯 - 比尔定律和马吕斯定律，手机 App 融入教学的设计如下。

（1）内容及动机（Motivation of Topic）

针对光传播中影响光强的因素，选取各向同性或偏振光的光源，结合衰减片和偏振片等光学元件，验证光强的负二次方定律、朗伯比尔定律和马吕斯定律。

（2）传统方法及其挑战（Traditional Method）

采用手工记录距离、光强和角度等多个物理量的传统方法，人工处理数据量大，容易陷入枯燥的数据记录与处理过程，反而容易忽略对物理现象规律的探究。

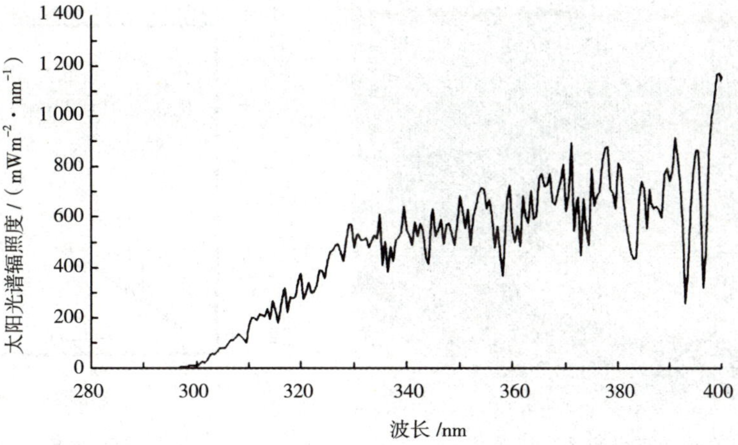

图 6.3　某地太阳光的 UV 光谱图，其中 *A* 段占 95% 的紫外光能量

（3）手机 App 新方法（App Method）

利用手机内置的环境光 ALS 传感器，观测并探究以下规律：

• 白炽灯光源照度与手机 ALS 距离的关系。

• LED 光源照度与光路之间插入玻璃块厚度的关系。

• 显示器产生的极化光与手机 ALS 覆盖的极化光检偏片之间的角度关系。

（4）实验条件、步骤、误差分析与校验更新（Setup & Calibration）

①白炽灯光源的照度 - 距离实验：在黑暗环境中，把 1 个球泡灯和 1 部内置 ALS 的手机安装在光学导轨上，构成如图 6.4（a）所示的实验测量系统，实验操作步骤如下：

首先，调节高度，使 ALS 中心与球泡灯中心的高度对齐。

其次，改变球泡灯与手机的距离，记录距离与照度。

最后，根据实验数据作曲线图，考察照度的距离依赖性，并结合公式 6.3 给出的理论值分析测量误差及其原因，如图 6.4（b）所示。

案例实施结果表明：测量误差受手机 ALS 的准确度影响不显著，但是 ALS 的灵敏度和垂直对齐的偏差对测量误差的影响却异常显著。另外，ALS 的探测有效面积应尽可能小，而且当距离小于 20 cm 时，光传播的空间拓展和方向性不能忽略。

② LED 光的照度 - 玻璃厚度实验：LED 灯 1 个，相同玻璃块 12 片，安装了 SPARKvue App 程序的手机 1 部，具体操作如下：

首先，固定 LED 灯光源和手机 ALS 传感器，使两者距离一定。

其次，改变插入到 LED 和 ALS 光路之间的玻璃片数（0 ~ 12 片）。

最后，获得玻璃厚度与对应的光照度的实验数据，结合公式 6.4，考察光照度与插入玻璃厚度的指数衰减规律并分析测量误差。

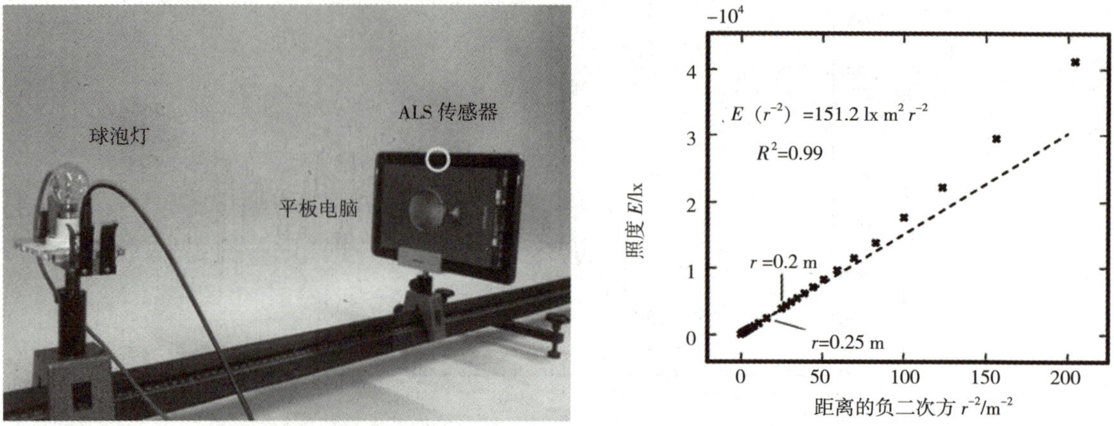

（a）实验装置图　　　　（b）距离的负二次方与照度的实验

图 6.4　光学导轨上球泡灯 - 平板电脑 ALS 构成负二次方定律实验系统

③显示器偏振光的照度 - 检偏片夹角实验：利用计算机液晶显示器输出的全白光，或者随机极化光，如太阳光通过偏振片（Polarizer）的透射光，作为极化光光源，由安装 Physics Toolbox App 应用程序的手机读取内置 ALS 和方向传感器的数据，具体操作如下：

首先，覆盖并固定一小块偏振片在手机 ALS 上。

然后，旋转手机，由方向传感器记录极化光与检偏片之间的角度 θ，其大小由方向传感器返回参数值确定，即水平方向 h 和手机 y 轴的夹角，同时由 ALS 获得对应的光强。

最后，给出旋转角度和光强的实验数据，并保存到 CSV 文件。

案例实施结果表明：结合马吕斯定律（公式 6.5），把光强实验数据作对数变换后进行线性拟合，其拟合系数为 1.96 ± 0.02，此值非常接近理论值 2，如图 6.5 所示。

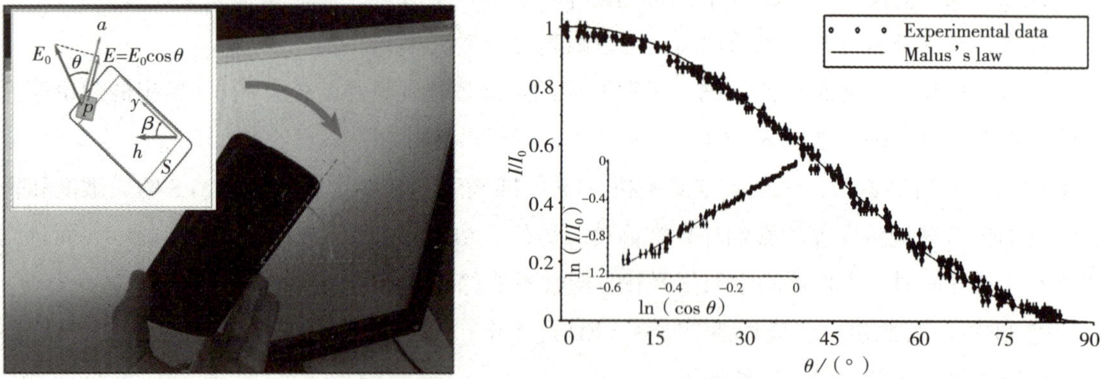

（a）实验装置图　　　　（b）角度（θ）- 归一化照度（I/I_0）的实验数据和拟合曲线

图 6.5　显示屏极化光与手机检偏角度构成马吕斯定律实验系统

（5）教学效果及其反思（Teaching Result）

手机测量可以适用于传统的光强测量研究，手机内置的光线传感器具有足够的测试精度。值得说明的是，手机 ALS 的测量结果为光照度，它与光强的区别在于：照度是人眼对光强的主观感受量如第 3.1.1 章节所述，但是，当光源光谱分布不变时，照度正比于光强，上述实验可以看作是光传播的光强变化数据，否则只能认为是人眼主观量的照度变化关系实验。

6.2.3　案例 3：手机显微镜

显微镜（Microscopy）利用两次凸透镜的放大成像原理，将人眼不能分辨的微小物体放大到人眼能够分辨的尺寸。其中，第一次成像是指：位于物体一侧的凸透镜，即物镜，使位于其一倍焦距到二倍焦距之间的物体，在物镜的二倍焦距外形成放大的倒立实像；第二次成像是指：位于眼睛一侧的凸透镜，即目镜，把位于其一倍焦距内的第一次成像，在目镜的物方侧形成放大的虚像。这样人眼看到的二次成像形成的虚像与物体位于同侧，但方向相反。

从帮助阅读、看清地图细节的简易显微镜，到观测生物细胞的立体显微镜，再到观测纳米级原子的扫描电子显微镜和透射电子显微镜，显微镜提供了观察微观世界的关键工具。针对现实生活中的观测微观世界，手机 App 融入教学的设计及步骤如下。

1）内容及动机（Motivation of Topic）

针对日常生活中观察微观世界的需要，配置外部光学结构装置，结合手机内置的照相机系统，包括透镜、CCD 和显示屏，搭建简单的显微平台。

2）传统方法及其挑战（Traditional Method）

相位对比度、暗场、荧光和超分辨等专业显微方法，使用中操作复杂、技术要求高，不能快速地观察到结果，学生容易失去兴趣。

3）手机 App 新方法（App Method）

利用智能手机，安装 CCD 传感器的图像获取应用程序 Open Camera，构建手机显微平台，青少年学生能简单、方便地获取细胞或亚细胞尺寸的物体成像。

4）实验条件、步骤、误差分析与校验更新（Setup & Calibration）

首先，选择物镜。显微镜物镜的选择，主要从物镜的数字孔径（Numerical Aperture，NA）和成本两方面进行权衡，本案例中选择 Thorlabs 公司的塑料透镜 CAY046，其 NA 为 0.4、成本为 6 美元。

然后，优化空间分辨率。空间分辨率（Resolution）是成像质量的主要指标之一，当不考虑像差时，对于给定波长 λ 的光，物镜空间分辨率 $\{\Delta x,\ \Delta y\}$ 由 Rayleigh 准则计算。

$$\Delta x, \Delta y = \frac{0.61\lambda}{\mathrm{NA}}$$

$$\mathrm{NA} = n \times \sin\theta \tag{6.6}$$

式中　n——物镜的折射率，另外，NA 还随物体与透镜之间距离的减小或夹角 θ 的增大而增大。

其次，构建简易平台。利用透明的亚克力材料，制作放置手机的上支撑板和下撑板，固定物镜，采用螺钉实现焦距的调节，平台如图 6.6 所示。

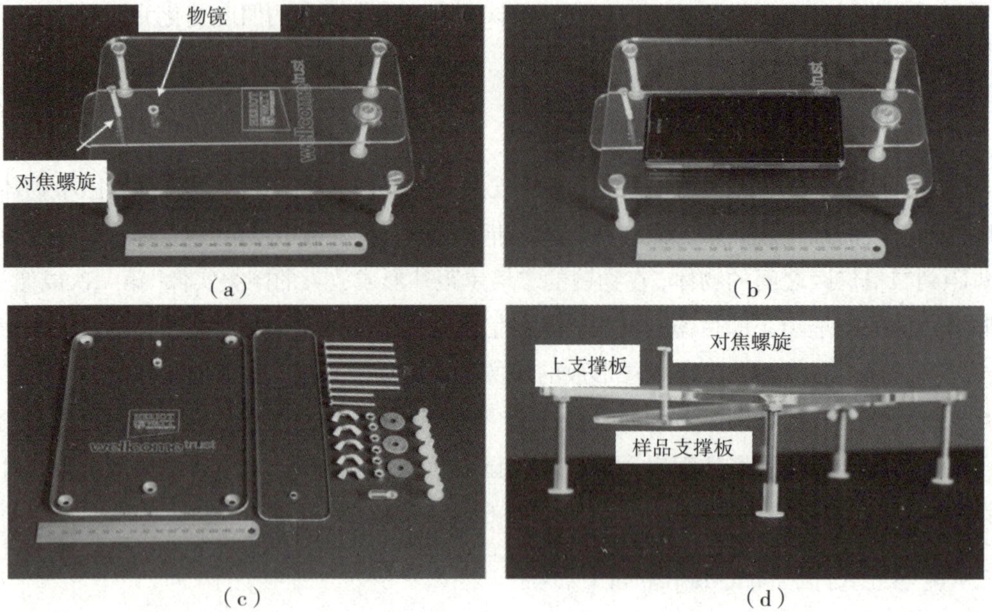

图 6.6　微米分辨率的智能手机显微平台结构图

最后，教学活动。根据显微平台套件及其配套的课程指导，针对不同地区的大众群体开展科普活动，并通过网络汇总手机显微平台获取的图片，将其作为进一步研究的数据源。图 6.7 给出了 12 ~ 14 岁青少年学生参与“观察身边微观世界”科普活动提交的微观图片。

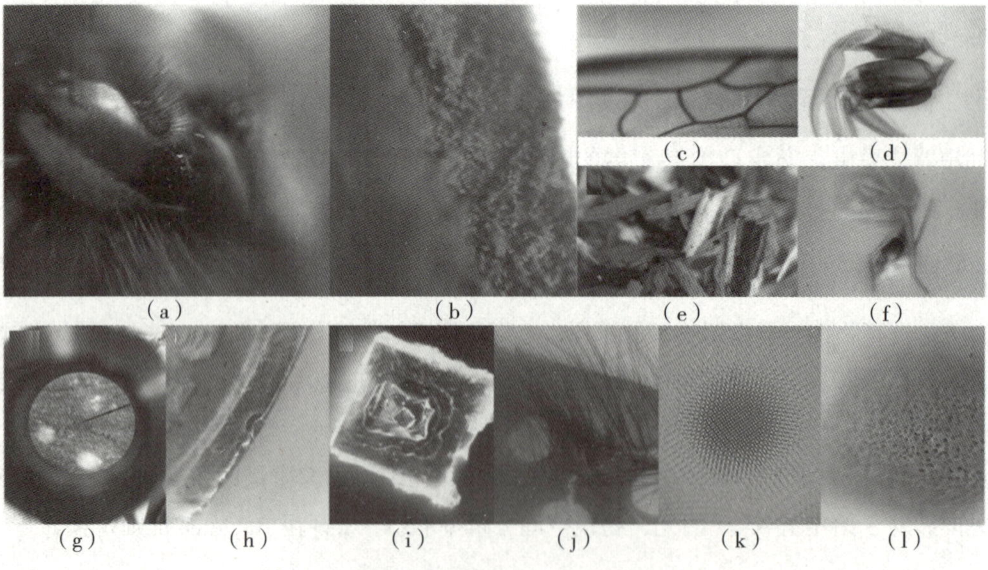

图 6.7　手机显微平台科普活动收集的图片实例

5）教学效果及其反思（Teaching Result）

把微观世界观察融入科普教育活动中，加深学生对显微镜工作原理的理解，提高青少年公众科学活动的参与度，体验科学、工程和生物、环境的学科交叉性。

6.3　个性化光学 App 教学设计与实践

导读：基于光学的基本概念借鉴优秀教学案例，构建移动学习的光学 App 框架；以手机屏幕为引入，梳理光学现象及其物理量；围绕光强测量，定义教学 App 的内容及其界面；针对屏幕极化光的可视化任务，开展 App 编程及其教学实践，培养学生借助 App 开发技能探索光学现象的能力。

6.3.1　光学 App 教学设计框架

从光的产生、传播、接收和显示的基本概念、规律及应用出发，构建如图 6.8 所示的手机 App 资源，包括内容、活动和移动学习（e-Leaning）3 个基本模块。其中，可视化的交互软件是移动学习的核心教学资源。

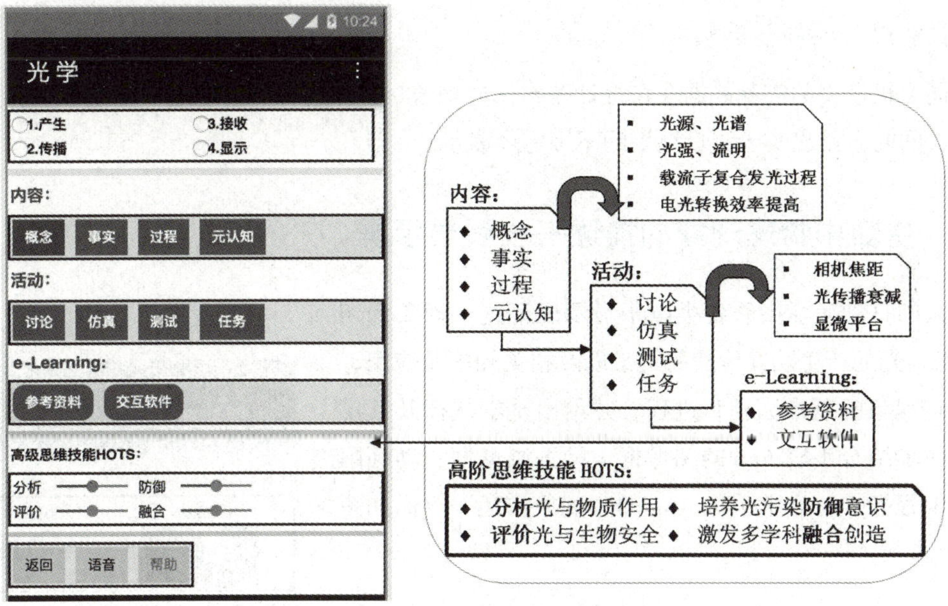

图 6.8　光学的移动学习 App 设计框架及其界面示例

如前所述，光学的手机 App 设计也是一种自带设备的探索与实践，其基本设计流程的描述如下所述。

首先，选择光学元件并搭建光路。利用光的反射、折射和透射规律等几何光学原理知识选择光学元件，搭建实验系统的光路。

然后，获取并调节空间位置坐标。通过距离和方向等手机传感器，获取光学元件的空间位置坐标，调节光路中元件的距离、高度和角度等参数。

最后，测试数据的处理和显示。利用开发的 App 软件，采集并处理手机光线传感器的返回数据，完成数据的可视化、保存和分享，同时实现真实环境与虚拟场景的动态交互。

遗憾的是，不同型号手机的内置光学传感器存在差异，会导致显著的测量数据变异。实际上，通过规定教学实验选用的手机型号，可以适当规避传感器采集数据的差异性。另外，设计与实施手机 App 光学教学还应注意以下几点：

1）外部环境光干扰

无论是室外的阳光，还是室内的灯光，都会影响光的测量，因此，尽可能在黑屋子内进行光学测量实验，避免其他光源的干扰。

2）光路对齐

对齐光学元件，即手机 ALS 传感器和玻璃衰减片的中心，是搭建光路的重点和难点，也是减小实验测量值与理论计算值之间误差的关键环节。

3）操作规范

养成良好的操作习惯和规范，保持光学元件的清洁，避免操作干扰，尽可能远离光路。

4）手机传感器差异性

不同手机获得的实验数据存在统计差异，如均值、方差的变异，通过多次重复实验进行合理规避，同时，给出实验测量结果的不确定度表示。

6.3.2 生活中物理现象的描述——看显示屏

从人们日常生活中看各类电子显示屏幕这一现象为切入点，引入光的产生及其传播的定义以及相关知识及应用，解析物理现象的基本原理和过程，并给出基本规律及其模型。进一步结合手机 App 的图像框、网页浏览框和动画图像框等编程操作，光学手机 App 的“现象描述”界面如图 6.9 所示。

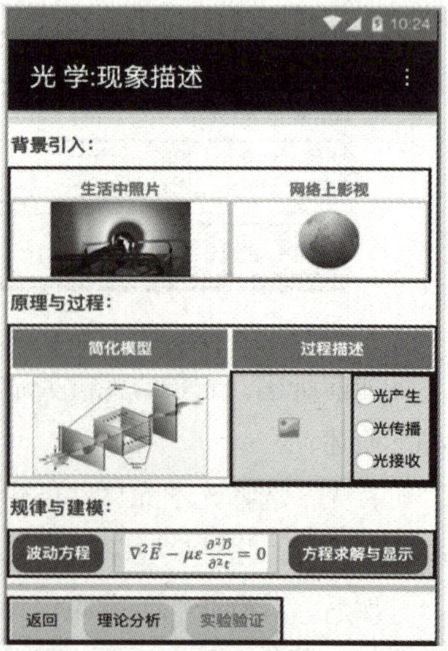

图 6.9 光学现象描述的 App 界面

1）背景与引入

手机 App 的图片及其网络影视素材聚焦于：显示屏，即显示文本、图像、视频及其色彩的人机交互的光电设备。液晶显示器（Liquid Crystal Display，LCD）和有机发光显示器（Organic Light-Emitting Diode，OLED）是显示屏的两大主流类型，其中，LCD 是最广泛使用的手机显示屏，在 1968 年美国 RCA 公司的 R.Williams 发现的液晶光散射现象的基础上制成。目前，它已深度融入家用电器、交通工具、医疗健康和工业制造等领域的各类智能显示终端。移动式、数字化、智能化时代的今天，人们获取信息以及执行任务都离不开便携式电子设备——手机，因此，人常常暴露在手机显示屏的光照下，正如图 6.10 所示，人与显示屏背光的密切接触在黑暗环境中异常显著。

图 6.10　暴露在手机背光下的人

2）原理与过程

LCD 显示屏是电信号控制下的光显示系统，由发光二极管（LED）光源构成的背光板、偏振片和液晶层等组件组成，如图 6.11 所示。它的主要工作原理是：液晶的电光效应，即当加电时，液晶排列形成有序性，光线容易通过液晶；当断电时，液晶形成混乱排列，阻止光线通过。LCD 的光显示过程具体如下：

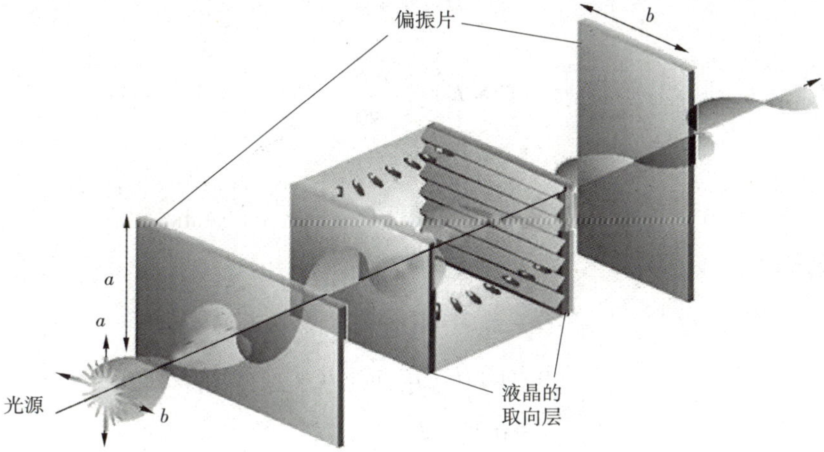

图 6.11　LCD 显示屏的组件及其光路示意图

- 光的产生

背光板的 LED 光源模组把外部供电转换为光输出，并经背光板中的反射、导光和扩散后形成强度均匀的光。

- 光的极化

偏振片或偏振滤波器阻断某一方向如 b 轴方向的入射，形成 a 轴方向的偏振光，并作用到液晶的取向层。

• 光的控制

通过外部的控制电信号，实现入射偏振光的是否旋转，这样液晶取向层的输出偏振光方向可以保持其输入时的偏振方向如 a 轴方向，也可以旋转为输入偏振的垂直方向即 b 轴方向。

• 光的检测

在液晶取向层的输出光方向，也就是观察者方向安置了另一块偏振片，其极化方向与第一块偏振片相互垂直，也就是 b 轴方向的输入偏振光可以通过，而是阻断 a 轴方向的光，从而实现光极化方向的检测，使人眼看到亮或暗的图形效果。

3）规律与建模

显示屏是一个光源所产生的光的空间传播及其与物质作用的过程。从光源的物理属性看，光谱、光强、传播方向、极化和照度等光学物理量及其空间分布是光源表征的基本维度，其中，光谱是光的波长与强度的关系曲线，反映了人对颜色和亮度的主观感受。光传播过程中光强分布的理论描述如下：

• 麦克斯韦方程

对于给定光源，某一空间坐标的光强或 Poynting 定理中的能量流正比电场 $\vec{E}$ 幅度的平方，可以通过麦克斯韦方程和物质方程进行表述，其中，麦克斯韦方程组为：

$$\begin{aligned} \nabla\times\vec{H} &= \vec{J}+\frac{\partial\vec{D}}{\partial t} \\ \nabla\times\vec{E} &= -\frac{\partial\vec{B}}{\partial t} \\ \nabla\cdot\vec{B} &= 0 \\ \nabla\cdot\vec{D} &= \rho \end{aligned} \tag{6.7}$$

物质方程为：

$$\begin{aligned} \vec{D} &= \varepsilon_0\vec{E}+\vec{P}=\varepsilon\vec{E} \\ \vec{B} &= \mu_0\vec{H}+\mu_0\vec{M}=\mu\vec{H} \\ \vec{J} &= \sigma\vec{E}+\vec{J}_s \end{aligned} \tag{6.8}$$

式中 ε_0, u_0——真空中的介电常数和磁导率；

ε——介质的介电常数；

μ——介质的磁导率；

σ——介质的电导率；

$\vec{J}$——电流密度；

$\vec{J}_s$——面电流密度。

• 波动方程

当考虑远离辐射源且不存在自由电荷和传导电流的区域，麦克斯韦方程（公式 6.7）简化为波动方程：

$$\nabla^2 \vec{E} - \mu\varepsilon \frac{\partial^2 \vec{D}}{\partial^2 t} = 0 \tag{6.9}$$

特别的，对于典型的平面波，上述方程的解为：

$$\vec{E}(r,t) = \vec{E}_0 e^{j(\omega t - \vec{k}\cdot\vec{r} + \varphi_0)} \tag{6.10}$$

式中　ω——角频率；

$\vec{r}$——波矢量；

φ_0——初相位；

v——传播速度；

光速 $c=\dfrac{\omega}{k}$；

折射率 $n=c/v$，这里 $v=\dfrac{1}{\sqrt{\mu\varepsilon}}$。

6.3.3　App 实验内容及功能定义——光强测量

根据如图 6.8 所示的光学的移动学习 App 设计框架把看显示屏作为分析现象，以手机显示屏极化光光强测量的可视化任务作为具体教学活动。从物理现象、概念、仿真和实验等 4 个模块出发，结合手机 App 编程基础，分析显示屏背光电磁波的产生、传播和接收过程，其光强测量手机 App 界面及其功能模块关系如图 6.12 所示。其中，现象、概念和仿真等界面及其功能见 6.3.2 章节图 6.9 所示，接下来重点介绍实验设计及实现。

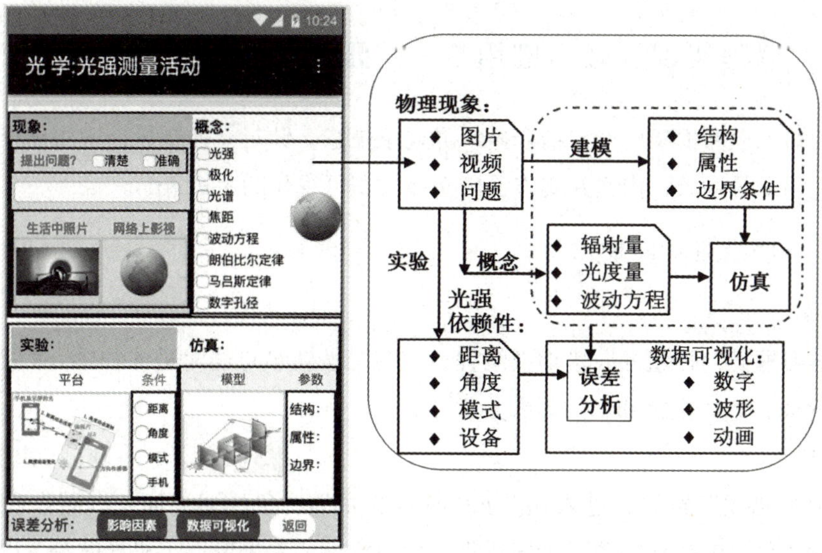

图 6.12　光强测量活动的 App 界面及其模块框图

看显示屏现象近似为光强测量过程，涉及的待测物理量包括时间、空间位置和照度等，可由手机内置的计时器、距离、方向和光线等传感器获得。另外，LCD 显示屏的主要光学组件包括电致发光原理的光源、电信号控制的液晶以及起偏 / 检偏的偏振片等，如图 6.11 所示。显示屏的光强测量受显示屏与检测点之间的距离、角度、工作模式、设备和环境光等因素影响，可以结合手机 App 数据可视化方法，以数字、波形和动画等形式显示，对比实验测量数据与理论计算值之间的误差，探索内容具体如下所述。

1）光源的距离和方向依赖性

选定一个光源，如手机的 LED 电筒，结合手机的光线、距离和方向等传感器，获得光源的光强空间分布数据，并进行图形显示和保存。进一步，分析光强随距离和角度变化的规律及误差，关注不同光源的光强分布差异，其中，合理设置检测点之间的距离间隔大小，避免采集过密使数据处理量大和采集过少使关键信息丢失等问题。

2）光传播的反射、吸收和散射及媒介依赖性

光路的光源为一个手机的 LED 电筒或显示屏，另外一个手机的光线传感器作为光路的接收光学元件，改变光路中的媒介如插入玻璃衰减片和偏振片，给出光强的衰减规律曲线。实验中要避免观察者的介入对光强测量的影响。

3）光强测量值的变异及其主观感受

对同一光源，利用至少 3 种不同型号的手机，获取光强与距离的负二次方衰减规律的对比曲线；保持光源与测量点之间的距离不变，改变光源的工作模式，如切换手机显示屏黄光模式和白光模式并调节背光亮度，体验不同人对光强的主观感受效果。

6.3.4 App 编程实现及教学应用 3——显示屏极化光可视化

从光学的移动学习框架出发，结合显示屏现象描述，针对光强测量，运用于以手机屏幕背光为光源的光强测量场景，构建并实施手机光强分布可视化的手机 App。

1）App 界面及其功能模块

•学习框架

利用“学习框架”按钮的屏幕切换编程，实现当按钮被点击时进入如图 6.8 所示的光学移动学习 App 界面，总体把握知识的因果关联性。

•现象描述

结合“背景描述”按钮，进入如图 6.9 所示的光学现象描述界面，以图片和互联网影像为手段，呈现人们日常生活中看显示屏行为，如上网课、看电影、手机导航等，以能量流动为主线索梳理相关知识，从电能到光能，再到光的反射、折射、透射和偏振光变换，最后到偏振

光的检测和接收，通过公式、图文以及超级链接等厘清光学的基本概念和规律，理解显示屏光的传播及其与物质作用的过程，认识显示屏背后的光学知识，提出探索手机屏幕极化光的可视化任务。

• 活动定义

设计“活动定义”按钮，实现当按钮被点击时进入如图 6.12 所示的光强测量界面，明确光接收物理过程的基本概念和规律，探究马吕斯定律和朗伯 - 比尔定律的仿真模型和实验条件及其影响因素。

• 教学实践

利用“教学实践”按钮，呈现真实实验环境的交互式虚拟场景及其实时参数显示界面，如图 6.13 所示。其中，交互式虚拟场景由产生光的手机、检测光的手机以及光传播变换的光学元件偏振片等 3 个图像精灵的背景图片构成，其空间位置由球形精灵进行标记；另外，光源和元件启动与否由单选框选定，并且通过滑动条、列表选择框和标签来设置光源的亮度大小、元件类型和主观感受等；同时利用手机 ALS、方向和计时器等传感器获得真实环境参数，如照度 I、检测距离 r 及其方向角度等，动态更新虚拟场景；此外，提供实验值和理论值的对比显示及其误差分析，具备测量数据的本地文件保存和远程分享等功能。

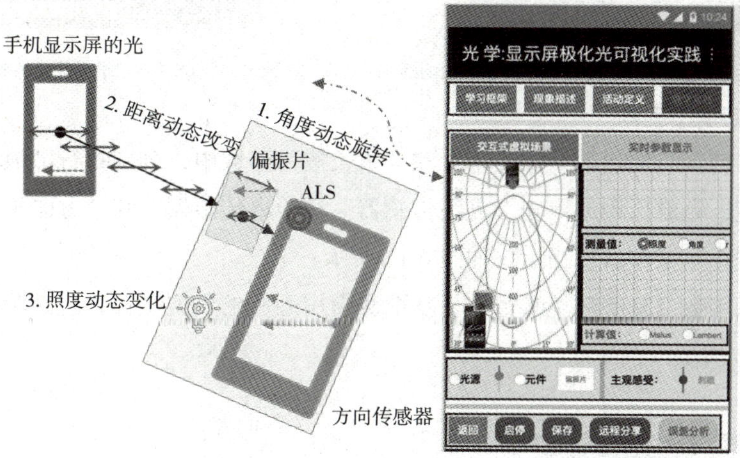

图 6.13　手机显示屏极化光可视化的示意图及其 App 界面

2）手机 App 的软件编程实现

• 虚拟场景的初始配置

首先，新建一屏幕作为实验光源并命名为“Light_source”，其组件属性设置为：允许“是否保存屏幕常亮”并关闭“是否显示状态栏”和“是否显示标题栏”，另外，拖曳一个“按钮”用于返回到主屏幕其名称为“Optical_Visual”，如图 6.13 所示。其中，“返回”按钮的“背景颜色”设置为“黑色”，尽可能减小对背光源的干扰，图 6.14 给出在“Light_source”屏幕的“初始化”函数中设置背景颜色和返回到主屏幕的代码。

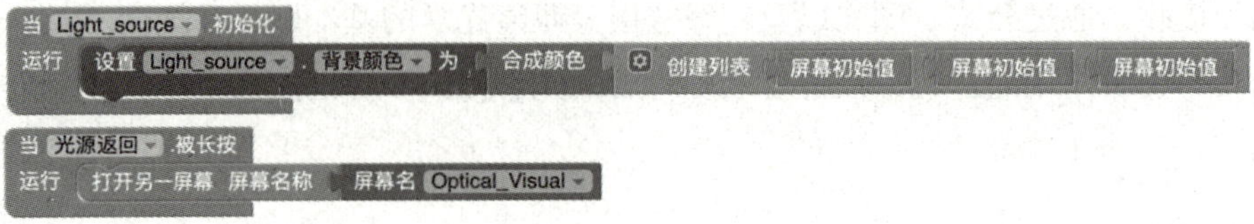

图 6.14　手机屏幕的实验光源及其亮度设置

其次，定义函数“产生光”，若选中“光源”单选框，则打开手机屏幕光源，即执行图 6.14 所示代码块，同时把滑动条的滑块位置作为光源屏幕的“背景颜色”，实现手机屏幕作为实验光源的亮度调节。此时，程序界面运行在光源用的手机，否则，程序运行在主界面，作为测量用的手机，如图 6.15 所示。

最后，在“交互虚拟场景”按钮被点击函数中，调用“产生光”定义函数，如图 6.15 所示，实现手机作为光源或检测用的程序界面，同时，完成检测手机的图像精灵显示以及结合外部光学“元件配置”单选框设置“元件”图像精灵，如图 6.16 所示。

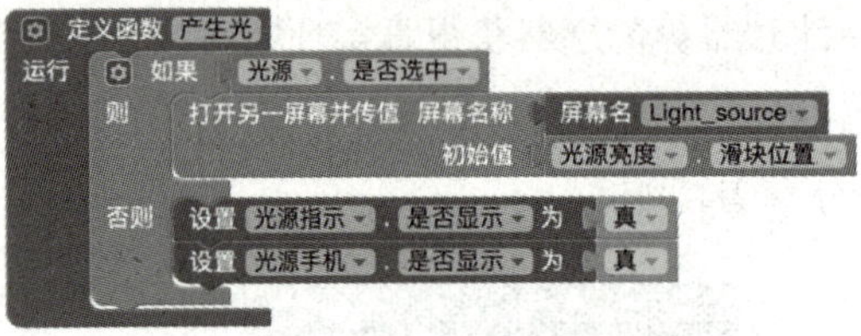

图 6.15　光源用手机与检测用手机的 App 界面切换

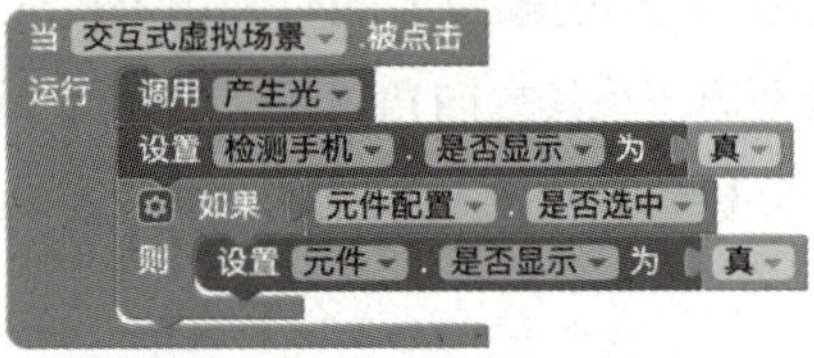

图 6.16　光源或检测用手机的界面选择及其配置

• 虚拟场景的动态更新

首先，在“启停”按钮的“被点击”和“被长按”函数中，分别执行虚拟场景动态更新的运行和停止功能，完成启用或停止“光线传感器”“距离传感器”和“方向传感器”设置以及“运行”或“停止”工作状态指示，如图 6.17 所示。

然后，定义函数“真实环境参数”，获取测量用手机的位置坐标，包括距离、角度以及光照度，如图 6.18 所示。

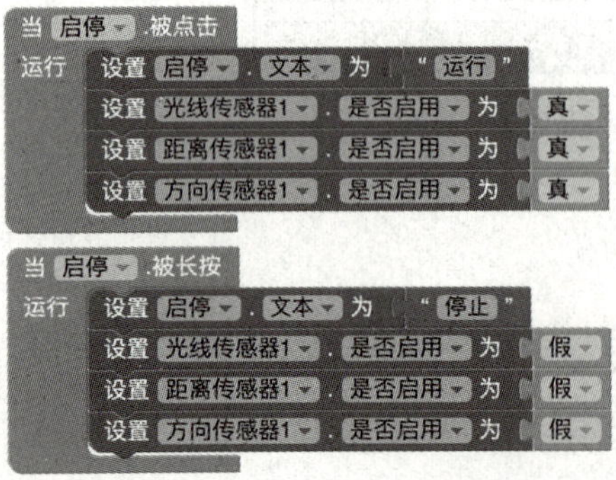

图 6.17　传感器的启停控制及指示

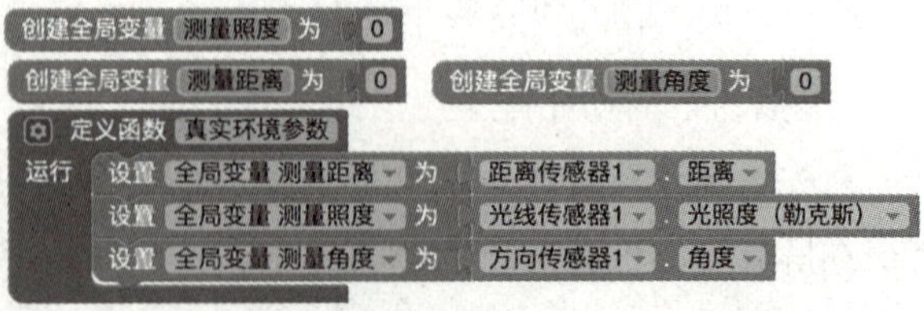

图 6.18　真实环境中传感器数据的读取与保存

其次，定义函数“更新虚拟模型”，把创建全局变量“检测手机方向”“检测手机距离”和“检测手机测量照度”，作为虚拟模型的图形精灵和球形精灵的尺寸大小如半径、宽度和高度属性的调节量，其中，外部光学元件的配置由“元件配置”单选框进行虚拟场景中是否有元件模型的设置及其参数调节，如图 6.19 所示。

接着，定义函数“测量更新显示”，调用“真实环境参数”获得检测手机的距离、方向和照度，一方面作为如图 6.19 所示“更新虚拟模型”的变量输入；另一方面，在“测量画图”中，根据照度“*I*”、距离“*r*”和角度“*theta*”的单选框选中情况，给出距离—照度和角度—照度的点图，其代码如图 6.20 所示。

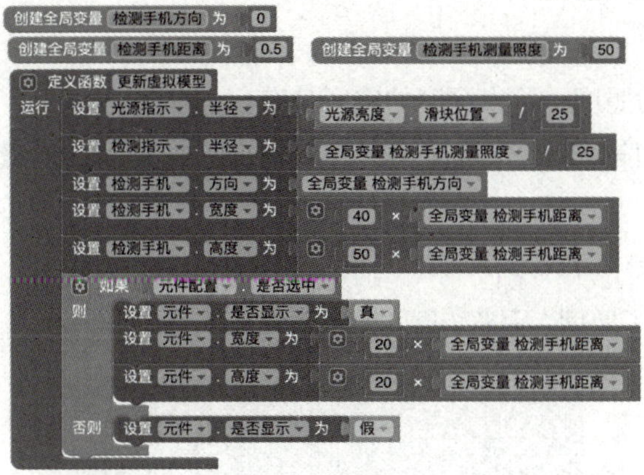

图 6.19　虚拟场景中图形精灵和球形精灵几何尺寸设置

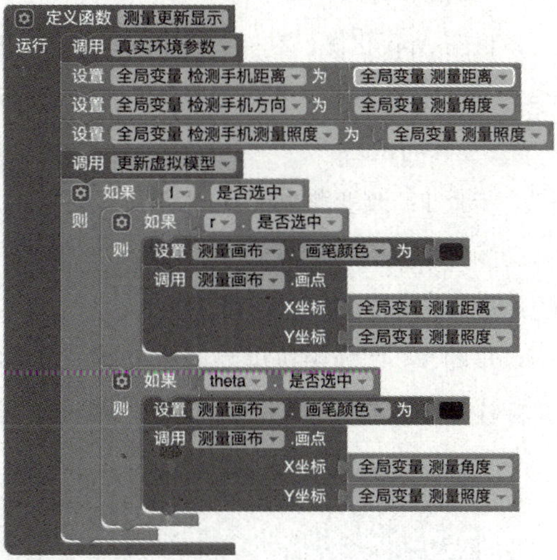

图 6.20　测量参数更新虚拟模型并画点显示

再接着，定义函数“Lambert 计算显示”和“Malus 计算显示”，根据真实实验环境的测量值，计算并画出朗伯 - 比尔定律公式 6.4 和马吕斯定律公式 6.5 的点图结果，如图 6.21 所示。

最后，在“实时显示”按钮“被点击”函数中，调用“测量更新显示”完成真实实验环境参数的测量及其虚拟模型的显示更新，另外，结合单选框按钮选中情况，执行“Malus 计算显示”和“Lambert 计算显示”函数，实现光强的测量与可视化，如图 6.22 所示。

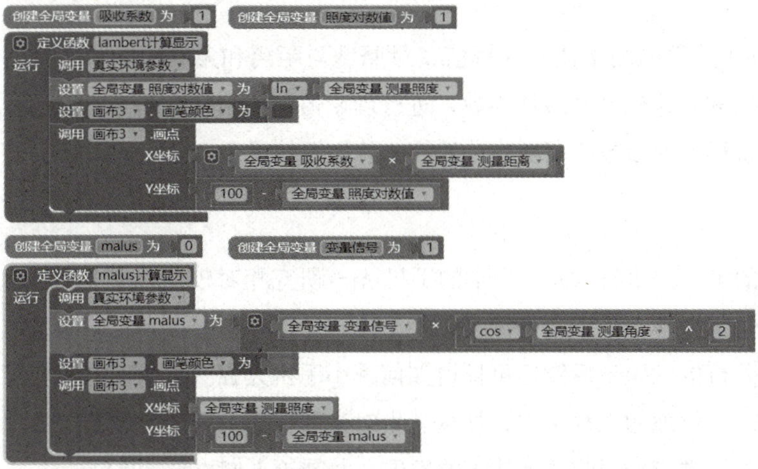

图 6.21　朗伯 - 比尔定律和马吕斯定律的计算及其画点的定义函数

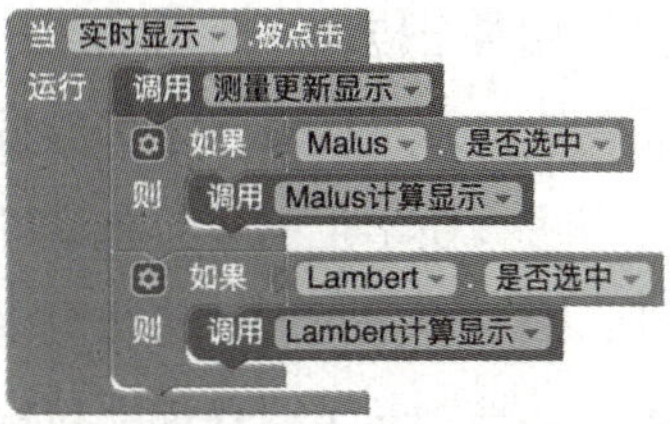

图 6.22　真实场景的光测量及其虚拟场景中的交互显示

• 数据的保存与分享

当“保存”按钮被点击时，把存放在全局变量中的测量及计算物理量，包括照度、距离、角度、Malus 和 Lambert 变量等存放在 CSV 文件中，具体参见 3.3.2 章节，另外，由“远程分享”按钮启动蓝牙与网络存储功能，具体编程参见 3.3.3 章节。

3）实验条件、步骤和内容

• 实验材料与设备

自主 App 软件，2 ~ 3 个手机，1 cm^2 左右的偏振片和胶带等。其中，一个手机作为光源，一个手机用于测量，还可以利用一个手机作为远程显示。

• 步骤与内容

步骤 1：改变测量的空间位置，记录对应的照度，给出照度的空间分布。

步骤 2：手机的光学传感器 ALS 覆盖一片偏振片，保持测量的距离不变，改变 ALS 测量的角度，记录旋转角度与照度的关系。

步骤 3：切换手机屏幕的工作模式，如亮度，用至少 3 种不同手机记录距离 - 照度关系，并标注至少 3 个人的主观光感受。图 6.23 给出了照度 - 距离 / 角度的关系曲线实例。

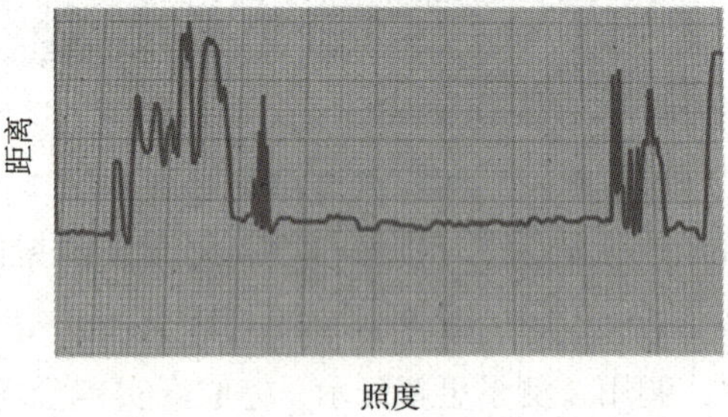

（a）照度 - 距离关系曲线实例

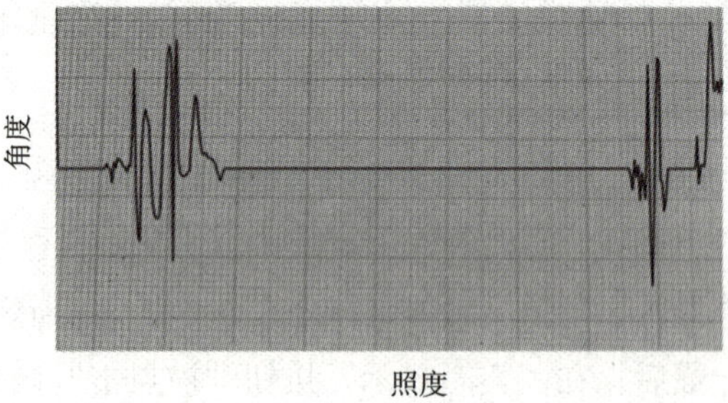

（b）照度 - 角度关系曲线实例

图 6.23　照度 - 距离 / 照度 - 角度的关系曲线实例

4）实验结果及误差分析

导出实验过程中保存至 CSV 文件的测量值及计算值，对照度与距离和角度的实验测量值进行最小二乘法拟合，找到数据的理论模型及最佳参数，进行理论值和实验数据的对比显示和分析；另外，多次测量数据，获得模型参数的高斯统计特性，关注偶然误差。

5）教学效果与反思

相对于应用于力学和声学的丰富的手机 App，光学的手机 App 研究相对较少。本案例以熟悉的看显示屏场景入手，激发学生兴趣，乐于参与探索，易于把现象、理论分析和实验测试结合思考，使学生初步具备误差分析的意识。后续还可探讨如何减小手机光强测量的误差和变异性，进一步把光的谱特征测量，方便地融入教学中，加深学生对光的传播及其与物质作用的理解，并鼓励学生树立远大目标，促进未来照明显示技术的发展，并带给人们更舒适生活。

6.4 学习与思考

任务 1：用百度等搜索引擎，查找光学领域的重要历史名人资料，总结出至少 3 个物理学家的成长日记、成就与贡献、社会认可和应用等信息，以 PPT 的形式进行宣讲。

要求 1：

- 成长日记：学习、工作、个人爱好以及生活时代背景等信息，给出时间、图片及其必要解释。
- 成就与贡献：重要理论和实验装置的图、公式和文字解释。
- 社会认可：重要获奖等。
- 研究成果应用：各应用领域的图、名称及其必要解释。

任务 2：观察并选择身边的光学物理现象，设计并实施手机 App 教学，给出 App 源代码、安装包 APK 以及项目汇报 PPT，其中，PPT 包括光学类教具制作与实施的图片和手机 App 教学反思等内容。

要求 2：

- 物理现象的描述：反映现象的照片或视频，给出涉及的基本概念和规律，并作必要的解释。
- 实验内容及其 App 定义：明确观测变量及其影响因素，给出具体实验内容以及手机 App 功能。
- App 编程实现及教学应用：给出选定场景的手机 App 个性化教学程序的实施过程包括界面设计和逻辑设计方法，给出教学实施步骤及其结果，并对理论和实验误差进行分析。

第 7 章

手机外扩传感器的电磁 / 热学应用

教学目标：

从手机外扩电、热传感器的应用出发，熟悉物理教学中电、磁和热的基本概念、事实、规律和应用，掌握电磁 / 热现象中手机 App 教学案例的设计方法与实施步骤，开发个性化的手机外扩电热传感器的教学实践活动，深入理解电热 / 磁的基本概念和规律。

重点难点：

外接电路、低功耗蓝牙通信、模型校正。

教学内容：

①以电、磁、热学领域的著名物理学家及其贡献为线索，回顾电磁 / 热学的基本概念和规律，感受科学家们敢为人先的创新精神。

②学习温度检测、电磁感应电动势实验和生电信号测试等教学活动案例，理解手机 App 案例设计与实施的方法和步骤。

③以身边的空调为背景，学习电机测控为核心的手机外扩电热传感器的应用。

7.1 电磁 / 热学领域名人与实验

导读：了解电磁 / 热学领域物理学家的贡献及其应用，熟悉电磁 / 热学的基本概念和规律，总结历史名人探索物理现象的思路和方法，体会电子信息技术带给人类的福利。

电学（Electricity）主要研究电的形成及应用，其中电磁学（Electromagnetism）是最重要的分支，强调电性和磁性的相互作用，包括电流的磁效应和变化磁场的电效应，重点研究电磁现象的规律及应用，发展为对当代 ICT 起重要支撑的电工和电子技术。“雷电”是人类最早探索的电现象，从古希腊的亚里士多德提出的雷雨概念，到英国沃尔关于静电的解释，到美国富兰克林（Franklin，1706—1790）的风筝实验，再到意大利的伏特（Volta，1745—1827）发明提供连续电流的电堆，拉开了电学推动人类文明发展的历史新篇章。图 7.1 所示为 2020 年科学家提出的环境温湿度条件下蛋白质纳米线产生连续电流的现象。

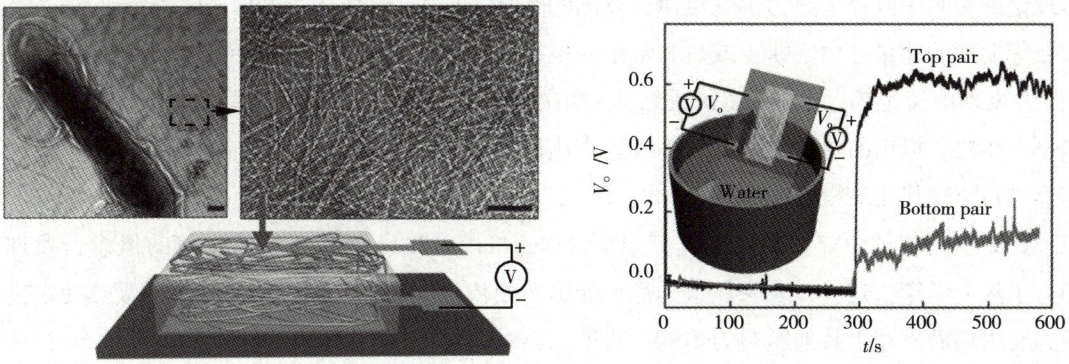

图 7.1　基于蛋白质纳米线（Protein Nanowires）的环境湿度发电

从静止的电荷看，法国的库伦（Coulomb，1736—1806）提出真空中两个静止的点电荷之间的作用力与两个电荷电量的乘积成正比，与两者距离的平方成反比，即库仑定律，开启了电学的定量研究。

从定向流动的电荷形成电流来看，法国的安培（Ampere，1775—1836）给出了电流的相互作用规律，即安培定律。进一步，英国的法拉第（Faraday，1791—1867）发现一块磁铁穿过一个闭合线路时，线路内就会有电流产生，即法拉第电磁感应定律，并发明了第一台发电机或法拉第盘，奠定了电力工业基础。

从时间变化的电磁现象看，英国的麦克斯韦（Maxwell，1831—1879）建立了完整的电磁理论体系，揭示了光、电、磁现象的本质统一性，并由德国的赫兹（Hertz，1857—1894）实验验证了的电磁波存在；后来，塞尔维亚裔的特斯拉（Tesla，1856—1943）发明高频变压器或特斯拉线圈，致力于无线电能量传输的可行性研究，开创了电磁应用的新领域。

从电路来看，连接电气、电子部件的金属导线或导体具有一定的电阻，德国的欧姆（Ohm，1789—1854）总结出电流、电势差和传导率之间的关系，即欧姆定律，还证明电阻与导体的长度成正比，与其横截面积和传导性成反比。进一步，俄罗斯的阿布里科索夫（Абрикосов，1928—2017）推动了超导体理论的研究。欧姆定律连同其他实用定律，包括德国的基尔霍夫（Kirchhoff，1824—1887）的电流 / 电压定律、法国戴维南（Thevenin，1857—1926）的等效电压源定律、美国诺顿（Norton，1898—1983）的电流源与电阻并联的等效电流源定理等，奠定了电路分析计算的理论基础。

从电的应用看，英国裔的贝尔（Bell，1847—1922）发明了电话，举世闻名的发明家爱迪生（Edison，1847—1931）发明了留声机、电灯和电影等，美国的肖克莱（Shockley，1910—1989）研究半导体发明了晶体管，而基尔比（Kiby，1923—）发明并制作了第一块集成电路，奠定了庞大的半导体产业的基础；在此基础上，以德国的鲁斯卡（Ruska，1906—1988）发明了电子显微镜，推动了电学新应用的发展。

相对于波澜壮阔的电磁学研究，热学（Thermology）研究主要集中在物质处于热状态时的有关性质和规律方面。奥地利的玻尔兹曼（Boltzmann，1844—1906）在分子运动经典理论《气体理论讲义》中阐释了热力学三定律；英国的焦耳（Joule，1818—1889）通过实验验证了亥姆霍兹等发现的能量守恒定律（或热力学第一定律），即不同形式的能量在传递与转换过程中守恒，并发现电流生热，即焦耳定律或焦耳 - 楞次定律；另外，焦耳还测量了法国的卡洛（Carnot，1796—1832）提出的热功当量，发现气体自由膨胀时温度下降，即焦耳 - 汤姆孙效应，促进了蒸汽机乃至现代压缩机的发展。

针对永动机的争议，德国的克劳修斯（Clausius，1822—1888）引进了熵的概念，发现并确立了热力学第二定律，表明热永远都只能由热处传递到冷处，而且从单一热源吸热使之完全变为有用功而不产生其他影响的热机，即第二类永动机，是不可能制成的。

热力学第三定律由德国的能斯特（Nernst，1864—1941）最先提出，即当系统温度趋近于绝对零度时，系统等温可逆过程的熵变化趋近于零。该结论被德国的普朗克（Planck，1858—1947）改述，后来能斯特进一步修正后认为：不可能使一个物体温度冷却到绝对零度。近年来，美国的朱棣文（Steven Chu，1948—）等提出利用激光和原子的相互作用减速原子运动以获得超低温原子，即激光冷却技术，使实验室内的最低温度达到 2.4×10^{-4} K，有利于低温超导等电磁学研究，促进了电磁 / 热学的深度融合与发展。

7.2 外扩电热传感器 App 教学案例

导读：分析手机外扩传感器的 3 个教学案例，掌握温度、电磁感应电动势和生电信号等手机 App 教学的设计方法和实施过程，理解问题发现、实验观察、理论分析以及误差元认知的科学探究过程。

7.2.1 案例 1：热敏电阻检测温度

温度（Temperature，T）是表示物体冷热程度的热学物理量，反映了物体分子热运动的剧烈程度，只能通过物体的某些特性如热敏感电阻随温度变化的规律来间接测量。其中，温度的国际单位为热力学温标开尔文 K，此外，常用的温标还有华氏温标（°F）和摄氏温标（℃），这三者的转换关系为：

$$0\ ℃ = 273.15\ K$$

$$℃ = \frac{℉ - 32}{1.8} \qquad (7.1)$$

从天气预报到人体温度测量，到家用冰箱、空调和热水器等家电工作状态检测等场合，温度的重要性不言而喻。针对生活中温度的测量，手机 App 融入教学过程的设计如下所述。

1）内容及动机（Motivation of Topic）

针对日常生活中的温度，选取热敏电阻传感器，进行温度的测量及波形显示；实现简单、准确的手机外扩传感器测量物理量。

2）传统方法及其挑战（Traditional Method）

专用的温度测量仪器存在随身携带不方便等不足之处，而手机没有配置温度传感器用于实现外部温度的测量，当然，可以利用灯泡将电转换为光，然后由手机内置的光线感应器获得电的间接测量热敏电阻的温度，进而估算但是该方法的测量精度还有待提高。

3）手机 App 新方法（App Method）

利用手机的耳机插孔，接收热敏电阻构成的温度检测电路所产生的外部温度数据，实现温度的手机测量。一般，手机耳机插孔有 4 个电极，从插头顶端（Tip）到靠近电线塑胶部分，依次定义为：tip、1、2、3，具体功能如下：

- 当满足国家标准如 Andriod 系统手机时，tip 为左喇叭正极、1 为右喇叭正极、2 为麦克正极和 3 为共用负极。
- 当满足国际标准如 iOS 系统苹果手机时，tip 为左喇叭正极、1 为右喇叭正极、2 为负极共用和 3 为麦克正极。

图 7.2 给出 iOS 系统苹果手机的耳机插孔及其外接热敏电阻与 R_1，R_3 和 C 构成电路的原理图及其实物照片，其中，R_1=10 kΩ，R_2=220 Ω，C=0.1 μF。

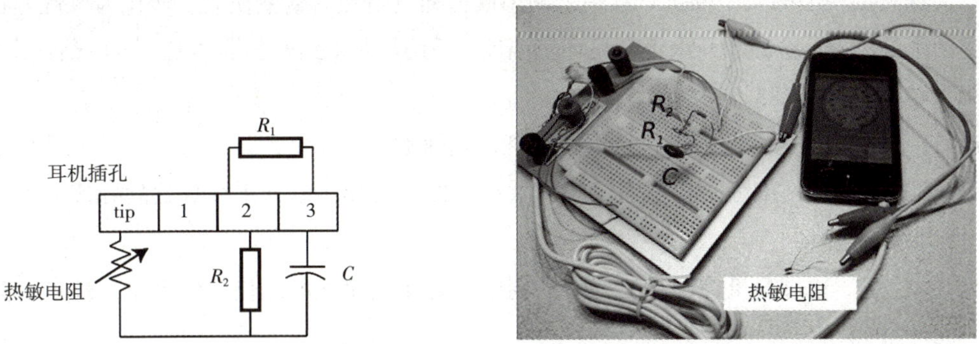

（a）电路图　　（b）实物图

图 7.2　苹果手机耳机插孔外接的温度检测

4）实验条件、步骤、误差分析与校验更新（Setup & Calibration）

首先，手机 App 编程的思路和步骤如下：

- 产生电压信号。手机编程产生固定频率的正弦波电流，由耳机插孔的左喇叭正端，即 tip

端输出作为信号源，热敏电阻与电阻 R_2 构成串联分压电路接在 tip 源和共 X 地（2 端口）之间，其分压值记为 V。

- 接收电压信号。分压 V 通过电容 C 和 R_1 构成的 RC 高通滤波电路进行滤波处理后，从麦克风（3 端）输入手机，即手机声音传感器的输入。
- 处理电压信号。利用手机内置声音传感器的编程方法：读取输入信号的声压级，从而计算出热敏电阻检测的温度值。

其次，通过以下数学物理模型实验校正，热敏电阻反应的外部温度与手机内置麦克风接收到的声压等级之间的映射（或对应关系）。

- 热敏电阻模型。热敏电阻的电阻值 R，随温度 T 变化，其规律满足典型的指数方程：

$$R(T) = A\,\mathrm{e}^{\frac{B}{T}} \tag{7.2}$$

式中　A，B——常系数。

- 电阻串联分压值。电阻值为 R（T）的热敏电阻与 R_2 构成分压电路的分压值 V 为：

$$V \propto \frac{R_2}{R(T) + R_2} \tag{7.3}$$

- 音频电压采样值。V 经过 R_1 和 C 构成的滤波电路后，去除低频并保留高频的正弦波电流信号后作为语音输入，此时，声音传感器返回的声压级（dB）为：

$$\frac{V}{V_0} \propto \ln \frac{V}{i} \tag{7.4}$$

式中　V_0——手机声音传感器内部参考电压。

结合公式 7.2—式 7.4 所建立的热敏电阻测温模型，当给定常系数 A，B 和 V_0，可以确定声音传感器获得的声压等级与温度 T 的映射关系，反之，已知实验数据关系，可以估计出模型的参数，实现测温模型的实验校正。其中，测温模型通过自然对数变换后，转化为线性方程，并结合生活中的冰箱、室温和开水等常见环境温度，采用简单的线性拟合方法，可以估计出 A，B，V_0 等模型参数，如图 7.3（a）所示。

最后，对采集的原始数据进行抗干扰处理，具体如下：

- 软件滤波。软件编程实现低通滤波，减小采样误差如短时间采样导致的峰值分贝值差异所引起的噪声。
- 电路校正。通过音量控制，改变输出到串联分压电路端电压信号的大小，校正电路参数差异性的影响。
- 硬件封装。把电路封装在签字笔壳中，不仅方便携带使用，而且可以增加温度测量的稳定性。
- 数据分享。按时间 - 温度关系显示温度测试数据，如图 7.3（b）所示，并以电子邮件方式分享实验数据。

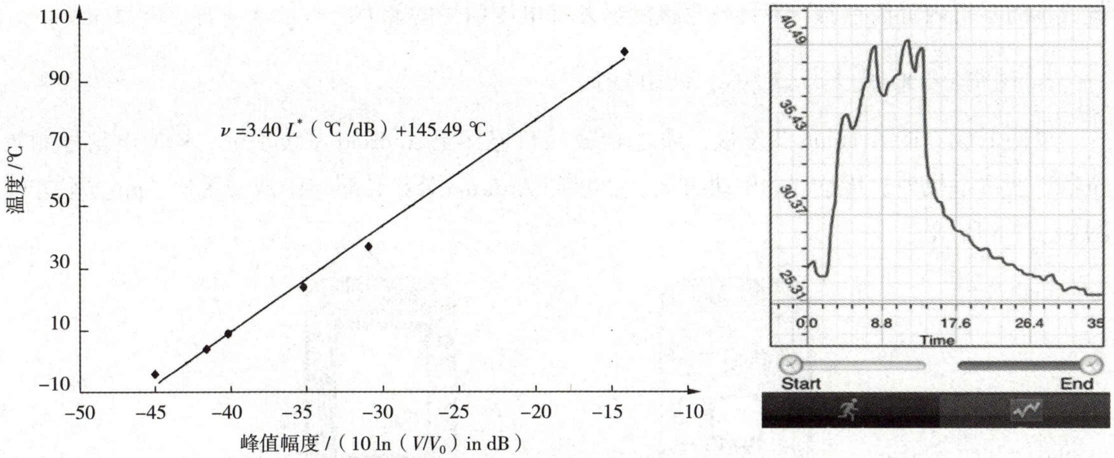

（a）声压级 - 温度实验数据及其拟合曲线　　（b）测量的温度 - 时间波形图

图 7.3　手机耳机插孔外接热敏电阻电路

5）教学效果及反思（Teaching Result）

手机的耳机插孔外接热敏电阻电路来测量温度的方法，具有简易的外部传感器拓展操作、规范化的数据校正模型及方法，使得该案例易于扩展到其他类型的外扩传感器应用场合，如光敏电阻、湿度传感器和应变片等，适用于多物理场现象的观察实验，也易于从 iOS 系统手机移植到 Android 系统手机。智能手机提供物理教学更多的无限可能，使更多的青少年学生受益，帮助激发他们的创新灵感。

7.2.2　案例 2：线圈感应电动势

闭合电路的一部分导体在磁场中做切割磁感线的运动时，导体中产生电流的现象，即法拉第电磁感应现象。而该现象产生的电动势称为感应电动势（Electro Motive Force，EMF）。对线圈的感应电动势，其感应电流的方向由右手定则确定，大小与线圈匝数和磁能量变化量成正比。坐落在我国长江上的三峡大坝是世界上最大的水力发电工程，年发电量达 1 000 亿 kW · h，它所采用的水力发电机的发电原理就是由电磁感应现象而来。针对发电机中线圈的感应电动势测量，手机 App 融入教学过程的设计如下。

1）内容及动机（Motivation of Topic）

针对发电机中的电磁感应电动势的产生，选取不同匝数的线圈，使磁体从不同高度穿过线圈自由下落，实现线圈以某种速度做相对运动而产生磁通量的变化，进而产生感应电动势，获得时间 - 感应电动势波形。

2）传统方法及其挑战（Traditional Method）

专用的放大器、数据记录仪和台式电脑不仅对实验场地要求高，并且初期资金投入大。而低成本的手机内置传感器，不具备直接测量外部电压信号的能力。

3）手机 App 新方法（App Method）

借助低成本的 Arduino 开发板，通过 USB 接口连接至 Android 系统手机，构成电信号测量仪器，获得手机外扩传感器的解决方案。手机与 Arduino 外扩传感器组成的手机 App 方案方框图如图 7.4 所示。

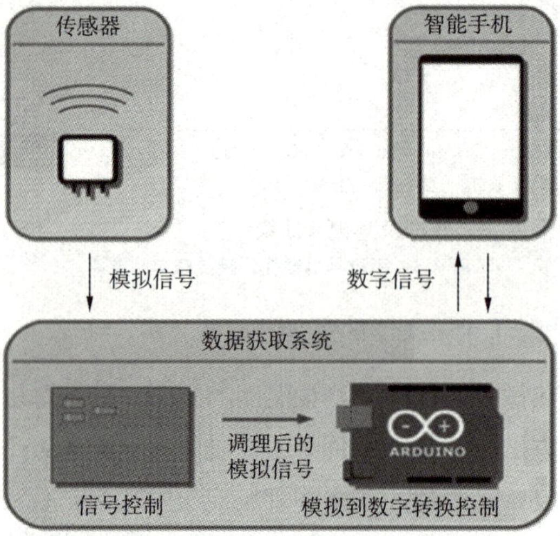

图 7.4　手机 +Arduino 开发板的外扩传感器系统方框图

该方案主要包括硬件和软件两部分，具体如下：

- 硬件部分。首先，传感器把外部物理量转化为模拟电信号；然后，由放大和滤波电路进行信号调理；接着，在可编程 Arduino 开发板上，对通过模拟到数字转换后的信号进行数字信号处理；最后，通过 USB 接口把采集数据发送到 Android 手机，另外，手机 USB 接口还为外部开发板电路供电。
- 软件部分。一方面，对 Arduino 开发板进行编程，制订数据通信协议，完成传感器数据的采集并发送到手机；另一方面，利用 Android 系统商业开发平台 RoboRemo，开发自己的手机 App，实现数据的收集、显示和处理。

4）实验条件、步骤、误差分析与校验更新（Setup & Calibration）

首先，搭建实验平台如图 7.5（a）所示，其实验条件及实施步骤如下：

- 线圈绕制。采用 PLA 材料 3D 打印线圈的骨架，并用相同铜线绕制成 15、30 和 45 匝的线圈，其中，线圈的直径为 8 mm，长度包括 20、40、60、80 和 100 cm。
- 磁铁选择。选取直径为 6.35 mm、高为 25.4 mm 的圆柱形钕磁铁。
- 电路制作。感应电动势测试电路原理图如图 7.5（b）所示，感应电动势的输入电压 V_{m1} 经分压和负电压平移等变换后，输出电压 V_{ext} 满足开发板端口的输入电压范围，即 0 ~ 5 V。
- 手机 App 编程。通过手机 App 编程，完成感应电动势的数据采集和转换，给出时间 - 电压的波形显示。

（a）装置图

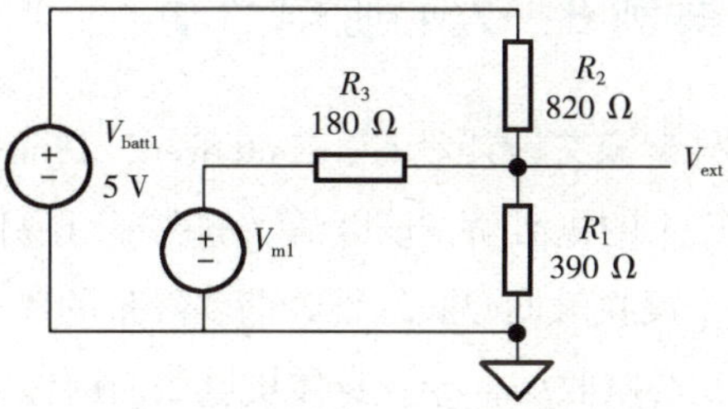

（b）感应电动势检测电路原理图

图 7.5　手机 +Arduino 电磁感应实验

其次，磁铁在不同高度和不同匝数的线圈中自由下落，测量的感应电动势如图 7.6 所示。

• 改变下落高度。线圈为 45 匝匝数不变，磁铁分别从 100、80、60、40 和 20 cm 高度下落，测试结果如图 7.6（a）所示。

• 改变线圈匝数。100 cm 下落高度不变，磁铁分别穿过 15、30 和 45 匝的线圈，测试结果如图 7.6（b）所示。

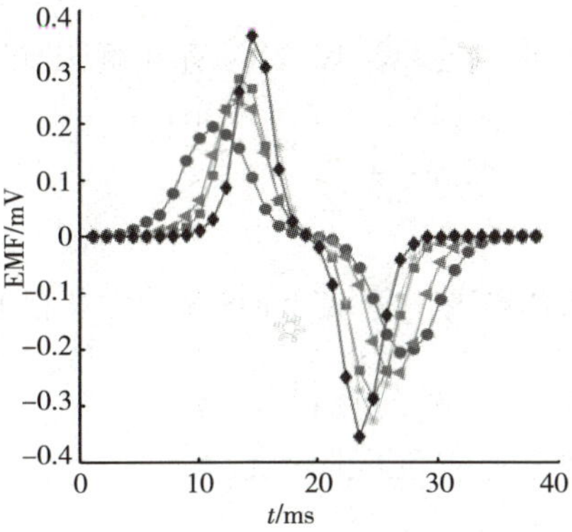

（a）改变下落高度测试结果

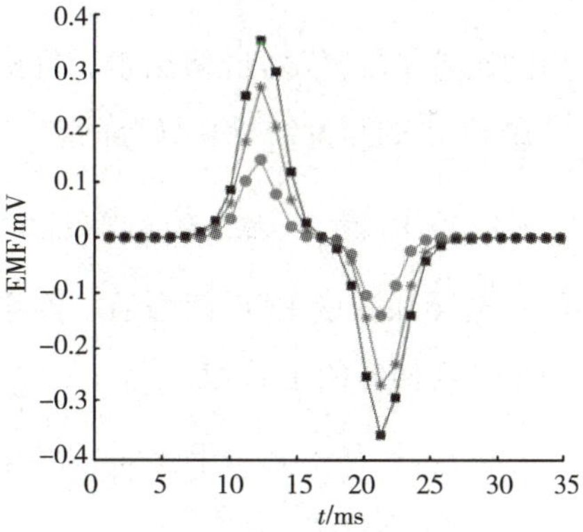

（b）改变线圈匝数测试结果

图 7.6　磁铁在不同高度和不同线圈匝数条件下下落测试的时间 - 感应电动势的波形对比

最后，实验数据与理论结果的对比分析。其中，理论值由法拉第电磁感应定律计算，即线圈的感应电动势 ε 正比于磁通量 Φ 的变化率和线圈匝数 N，即

$$\varepsilon = -\frac{N\Delta\Phi}{\Delta t} \tag{7.5}$$

5）教学效果及反思（Teaching Result）

手机与 Arduino 开发板构成的轻便型物理测量工具，以低成本方式把外部传感器引入手机，不需额外的计算机和外部供电，能够实时读取并动态显示外部传感器的信号，适合室外的物理现象的观测实验。但是，学生需要具备基本的编程能力，还应具有 Arduino 开发板使用技能，如避免过大的电压信号输入导致硬件烧毁等。另外，开发板的硬件配置限制了该测量工具的最高电压分辨率、最快采样速度和电压测量范围等。该物理测量工具有待进一步提升性能从而开发丰富的教学实例，这样更能凸显超越手机内部传感器的手机 App 教学优越性。

7.2.3 案例 3：人心脏电活动

荷兰科学家艾因特霍芬（Einthoven，1860—1927）在 1885 年首次从体表记录了心脏在心动周期所产生的电活动，该电活动的图形可视化技术称为心电图（Electrocardiogram，ECG）。ECG 是一个反映触发心脏纤维收缩和舒张的离子电流动的时变信号。也就是，当电脉冲通过心脏时，触发心脏收缩，导致身体皮肤表面即体表的电位变化，在体表的特定点所记录的电信号就是 ECG 信号。在人的健康体检中，ECG 是常规的检查科目。针对人体 ECG 生物医电信号的观测，手机 App 融入教学过程的设计如下。

1）内容及动机（Motivation of Topic）

针对心脏电活动现象，低成本地实现 ECG 电信号的观测，理解生命科学中生物电信号的概念及应用。

2）传统方法及其挑战（Traditional Method）

专用的医疗 ECG 仪器价格昂贵，穿戴式设备如苹果智能手表 Watch 4 存在测试点不固定问题，导致 ECG 的测量结果变异等问题。

3）手机 App 新方法（App Method）

利用心电导联获取 ECG 信号后，经手机的耳机插孔输入，并结合 iOS 系统手机的心音图 App，实现 ECG 信号的记录和分析。

4）实验条件、步骤、误差分析与校验更新（Setup & Calibration）

首先，搭建实验测试平台如图 7.7 所示。

（a）采集人体生物电信号

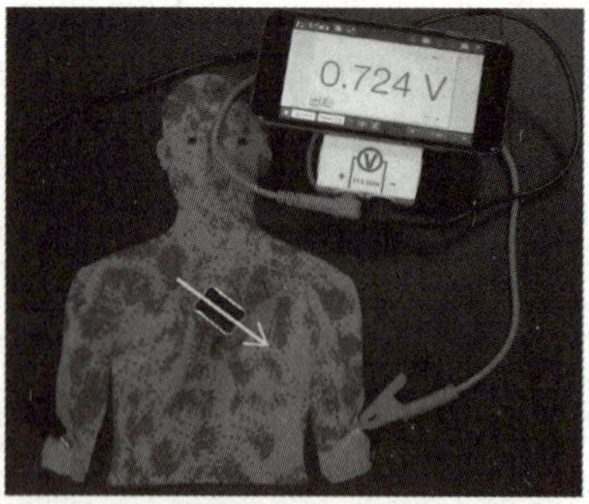

（b）模拟生成 ECG 信号

图 7.7 手机 App 的 ECG 测量

其次，ECG 电信号的产生、采集和处理的过程如下：

- ECG 产生。来自人体心脏的真实 ECG 信号具有个体差异性，因此，在人体生物电信号采集系统的调试中，常常采用模拟生成的 ECG 信号作为测试信号。因此，根据心脏总电荷等效为电偶极子模型，构建人体 ECG 的模拟装置，由外部供电来实现心电周期中电偶极子的方向和幅度改变，实现在人体不同位置处的体表产生可变的电势。

- ECG 采集。导联获得 ECG 电信号，通过手机耳机插孔输入手机内置拾音器，实现外部电压信号输入手机，具体方法类似于 7.2.1 章节所述。
- ECG 处理。ECG 信号通过麦克风输入端口输入手机，因此，利用心音图（Phonocardiograms，PCG）App 软件 Stethoscope 记录并保存 ECG 数据，采用声音编辑器软件 Audacity 进行后续数据处理。其中，Stethoscope 软件功能包括体表测试点位置显示、时间 - 电压波形、MP4 文件格式的数据分享和多人协同等功能如图 7.8 所示。

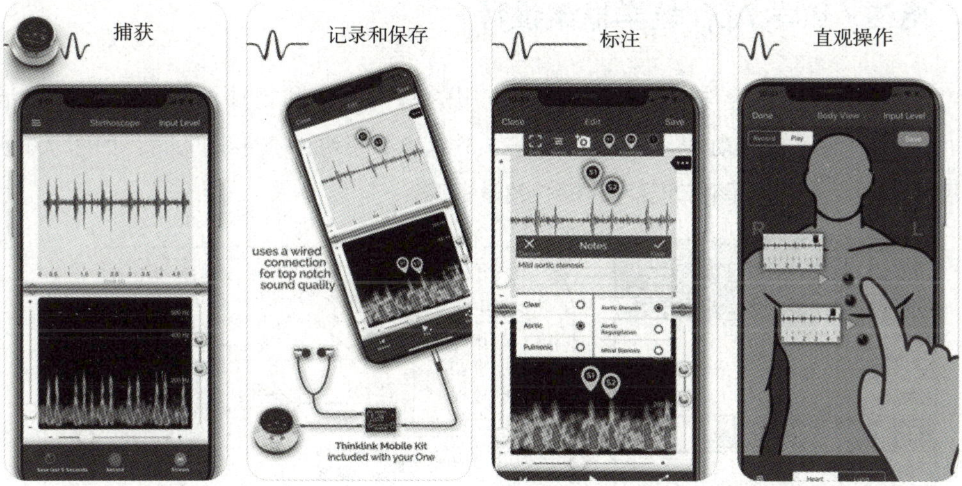

图 7.8　iOS 系统手机软件 Stethoscope 功能界面

实验过程中电磁噪声对微弱的 ECG 电信号的干扰异常显著，导致测量的精度和误差问题，为此，采取以下抗干扰措施：

- 硬件调理。外接电路不仅包括放大器，还特别针对市电 50 Hz 干扰进行低通滤波，后者也是硬件设计与实施的重点和难点。
- 实验规范。人体电信号测试过程中，保持心态放松，这样可以减小肌肉收缩产生的噪声。

5）教学效果及反思（Teaching Result）

ECG 电信号测量的手机 App 方法易于融入学习过程，适合青少年学生认识并理解生物电信号。然而，手机 App 对人体的 ECG 检测结果未作严格的医用级指标标定，因此，该方法仅适用于教学，而不应作为健康诊断的判断依据。

7.3 个性化电磁 / 热学 App 教学设计与实施

导读：构建电磁 / 热学 App 教学设计框架，以空调为例来梳理生活中电磁 / 热现象的基本概念和规律，围绕电机测控活动来定义 App 教学内容及其界面，针对风扇散热可视化任务实现 App 编程及其教学实践，培养学生乐于探索的习惯。

7.3.1 电磁 / 热学 App 教学框架设计

从电磁 / 热学的现象、检测、控制及其应用的基本概念和规律的深入理解和灵活运用出发，由内容、活动和移动学习（m-Learing）3 个基本模块构成手机 App，如图 7.9 所示，其中，可视化的交互软件是移动学习的核心教学资源。

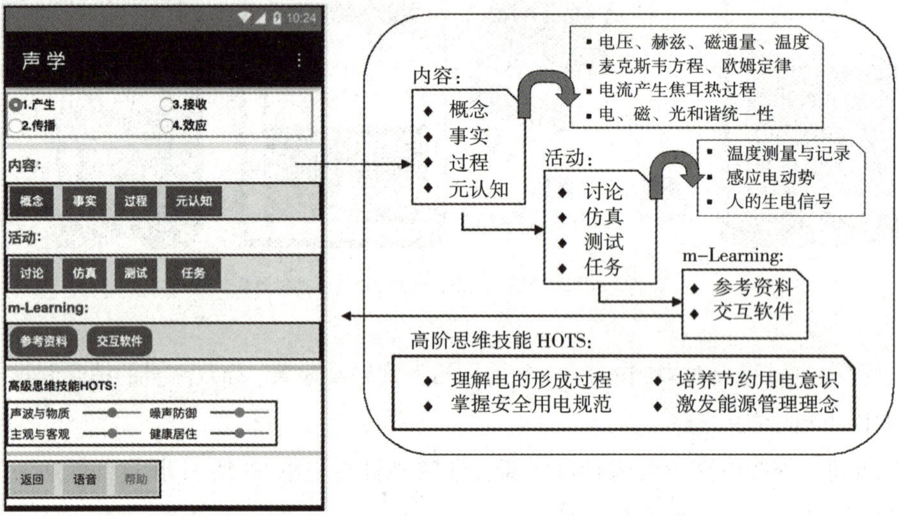

图 7.9 电磁 / 热学的移动学习 App 设计框架及其界面示例

实际上，电磁 / 热学的手机 App 教学设计也可以看作是一种手机外扩传感器的探索与实践，其设计流程如下：

- 首先，外扩传感器的电路设计制作。利用电路原理知识，设计并制作外部的电热传感器信号采集电路，并配套制作信号变换电路。
- 其次，电路与手机的连接。通过手机的耳机插孔、蓝牙或 Wi-Fi 通信等标准接口，把外部传感器电路采集的电信号输入手机。
- 最后，手机数据的处理和显示。利用手机 App 开发软件，采集、处理并校正输入手机的数据，完成数据的波形显示、保存和分享。

值得注意的是，无论是上述流程中硬件电路的设计与制作，还是软件编程实现数据采集与处理，理解电压和正弦交流电的概念，运用欧姆定律等基本电学规律是手机 App 教学实践的重点和难点，具体说明如下：

1）欧姆定律

在一电路中，通过某一导体的电流与这段导体两端的电压成正比，跟这段导体的电阻成反比，这就是欧姆定律（Ohm's Law）。进一步来说，欧姆定律可以推导出电阻串联分压或并联分流公式，因此，当两个电阻串联并且其端电压不变时，串联分压值随分压电阻的阻值变化而相应改变，那么，若串联电阻的阻值随外界的温度、光照、湿度以及拉力等发生改变时，则可以把温度、光照等非电物理量转化为电信号，这就是部分传感器的工作原理。因此，电阻的阻值大小选取，不仅要满足分压比，还需考虑电流通过电阻产生的功耗或热量，其功耗要小于电阻额定功耗，比如 1/4 W，保证电阻正常工作。

2）电压

电压（Voltage）是衡量单位电荷在静电场中由于电势不同所产生的能量差的物理量，也称为电势差或电位差。电压的大小等于单位正电荷受电场力作用从 A 点移动到 B 点所做的功，其方向规定为从高电位指向低电位的方向，国际单位为伏特或伏（V）。例如，手机 USB 接口的标准供电电压为 5 V。通过手机的 USB 和耳机插孔等有线连接方式获取外部电压，其输入电压值不应超过 5 V，并且也不能小于 0 V，否则会导致手机烧毁。

3）正弦交流电

随时间按照正弦函数规律变化的电压或电流被称为正弦交流电（Sinusoid Alternating Current），包括最大值、角频率和初相位 3 个要素。手机获取正弦交流电的方式有通过变压器或耳机插孔喇叭端等。手机 App 采集正弦交流电时，不仅需要采样频率满足香农定理，还需要对采集的数据进行软件低通滤波处理，减小电磁干扰的影响。

7.3.2 生活中电磁 / 热学现象的描述——用空调

以用空调这一生活现象为切入点，引入空调的介绍及发展历程，关联相关知识及应用，解析观察现象的基本原理和过程，给出基本规律及其建模。进一步，结合手机 App 的图像框、网页浏览框和动画图像框等编程操作，创建手机 App 电磁 / 热学现象描述的界面，如图 7.10 所示。

1）背景与引入

手机 App 的图片及网络影视素材聚焦于空调，即空气温度和湿度的调节器，正如空调之父美国的威利斯·开利（Willis Carrier，1876—1950）所言，它拯救了我们的夏天，使人在适宜的温度下生活、学习和工作，如图 7.11 所示。当前，无论是在建筑、交通工具，还是在太空飞翔的航空器、水下的军用潜艇中，空调与人类制造的其他各种设备及设施亲密相伴。

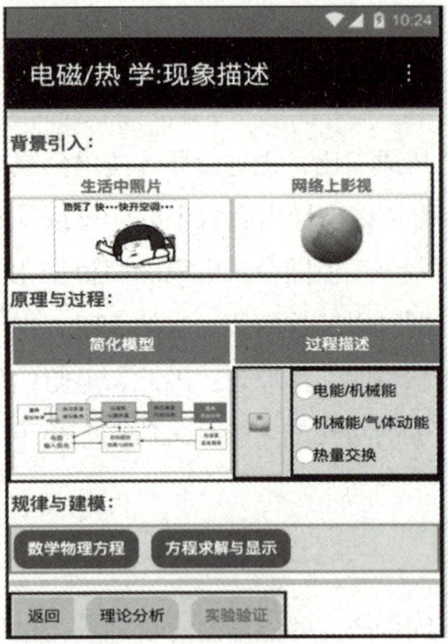

图 7.10 “电磁 / 热学现象描述”的 App 界面

图 7.11 空调，夏天离不开你

2）原理与过程

空调是一个集电、磁、热现象为一体的用电设备，它的主要部件包括压缩机（或电机）、热交换器、温度检测与控制模块等。当空调制冷时，压缩机高压出口的制冷剂热蒸汽输出到热交换器进行液化散热，逐渐变为饱和蒸汽，从而变成过冷液体，再经过毛细管节流降压后，输出到室内的热交换器，从周围介质吸热蒸发又转变成气体，同时室内空气温度降低实现制冷。类似地，通过四通阀切换上述制热过程中制冷剂的流动方向，就可以实现室内的制热。空调制冷的热量流动与电热转换及其控制过程如图 7.12 所示。

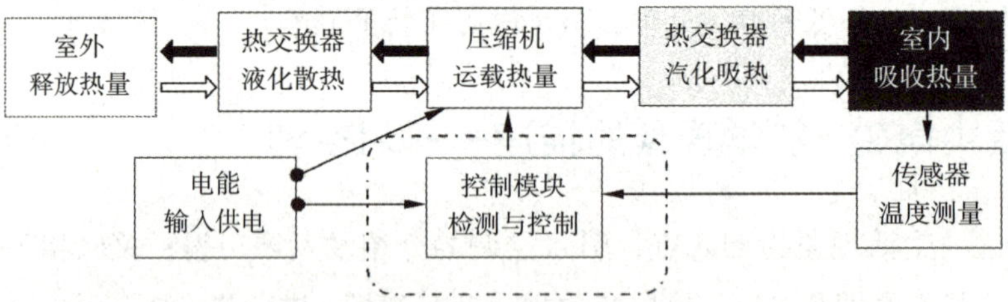

图 7.12 空调制冷的热量流动及其控制过程

3）规律与建模

压缩机主要涉及的能量转换过程为电能转化为机械能，再转变为气体的动能，热量的流动形成温度的变化，具体过程描述如下。

- 电能到机械能：驱动电机的电功率 P_m，通过传动机构后，转化为制冷压缩机的机械功率 P_{id}。

$$P_m \times \eta_m = P_{id} \tag{7.6}$$

式中　η_m——电机的机械效率，如 0.8。

• 机械能到气体动能：理想气体的状态方程为：

$$p \times V^n = \text{const} \tag{7.7}$$

式中　const——常数；

p——压强；

V——体积；

n——过程指数，当 n=1 时，表示等温过程如低速压缩机，当 $n > 1$ 时，表示绝热过程如高速压缩机。

当制冷剂被机械功率为 P_{id} 的压缩机压缩后，其状态变化由可压缩理想气体的伯努利方程描述：

$$P_{id} = \frac{v^2 - v_0^2}{2g} + \frac{\frac{p}{\rho} - \frac{p_0}{\rho_0}}{2g} \tag{7.8}$$

式中　v_0，v——压缩前后气体的速度；

p_0，p——压缩前后气体的压强；

ρ_0，ρ——压缩前后气体的密度；

g——重力加速度。

• 热量的交换：传热方程和热平衡方程描述了热量的交换过程，从工程应用看，这两个基本方程分别为：

$$\begin{aligned} Q &= K \cdot F \cdot \Delta T_m(T_1', T_1'', T_2', T_2'') \\ Q &= W_1(T_1' - T_1'') = W_2(T_2'' - T_2') \end{aligned} \tag{7.9}$$

式中　Q——热量；

$\Delta T_m(\cdot)$——平均温差函数；

K——平均传热系数；

F——传热面积；

T_1'，T_1''，T_2'，T_2''——冷 / 热流体进 / 出温度；

W_1，W_2——热容量。

综上，公式 7.6—公式 7.9 构成了空调制冷的理论模型，由此可见，空调消耗电能，把热量从一个地方运载到另一个地方，遵循能量守恒和热力学第二定律等基本原理，而违背基本原理的热永动机是不可能实现的。

7.3.3　App 实验内容及功能定义——电机测控

根据如图 7.9 所示的电磁 / 热学的移动学习 App 设计框架以空调运行作为电机测控背景，把风扇散热控制的可视化任务作为具体实践教学，从物理现象、概念、仿真及实验等 4 个方面出发，结合手机 App 编程基础，按照能量的流动、控制和管理过程，构建电机测控的手机 App 界面及其功能模块，如图 7.13 所示。其中，现象、概念和仿真等的手机 App 界面及其功能见 7.3.2 章节物理现象的描述中的图 7.10，接下来重点介绍实验板块的设计及其验证。

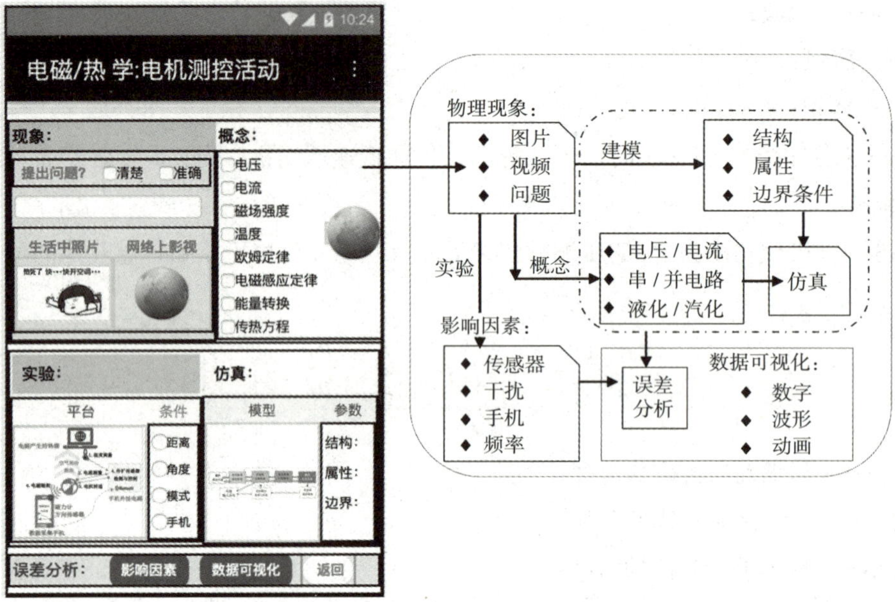

图 7.13　电机测控的 App 界面及其模块框图

空调运行控制近似为电机测控过程，涉及时间、位置坐标、温度、电流和磁感应强度等物理量。一方面，利用手机的计时器、距离、方向和磁力计等内置传感器获得时间、位置坐标和磁感应强度等物理量；另一方面，通过耳机插孔、蓝牙和 Wi-Fi 等接口扩展的传感器采集温度和电流等物理量，同时结合手机 App 的数据可视化方法，包括数字、波形和动画显示编程，完成真实实验环境与虚拟场景的互动，具体的教学实践内容的步骤如下：

1）电机工作电流的波形

选择一个工作电压在 36 V 安全电压以下的电机，本案例选用 3 V 直流电机，利用干电池供电，结合手机外扩电流采集电路，实时显示电机工作电流的波形，关注电机从启动到稳定工作、再到停止的过程中工作电流的变化，合理设置电流采样时间的间隔以及电流幅度值的大小，避免采集的电机电流的关键数据丢失。

2）电机的空间电磁分布

- 在第 1）步基础上，利用手机内置的磁力计，获取某一固定位置处磁场强度的波形，并与电流波形进行同步。
- 改变电机工作电压或电流，重复上述过程。
- 在不同电机工作电流条件下，获得电机的空间磁场分布。

3）温度测量与电机控制

- 设计并制作手机外扩的温度检测和电机启停控制电路。
- 手机 App 具备实时的时间 - 温度波形显示功能，并且当检测到的温度超过或低于某一个预设温度值时，调节电机运行状态，如启动或停止电机。

4）电机调速与电磁干扰

采用不同的电机调速方法包括供电电压调节和脉宽调制（PWM），记录电机运行的时间 - 电流和时间 - 磁场强度的波形数据，分析测量误差并分享实验结果。

7.3.4　App 编程实现及教学应用 4——风扇散热可视化

从生活中空调制冷现象的描述，归纳出电机测控活动的内容，运用于电脑散热场景，开发外扩传感器及其控制电路。构建并实施风扇散热控制可视化的手机 App。

1）App 界面及其功能模块

- 学习框架

利用图 7.14 所示的手机 App 界面中“学习框架”按钮，实现当按钮被点击时切换屏幕编程，进入如图 7.9 所示的电磁 / 热学的移动学习 App 界面，总体把握知识的因果关联性。

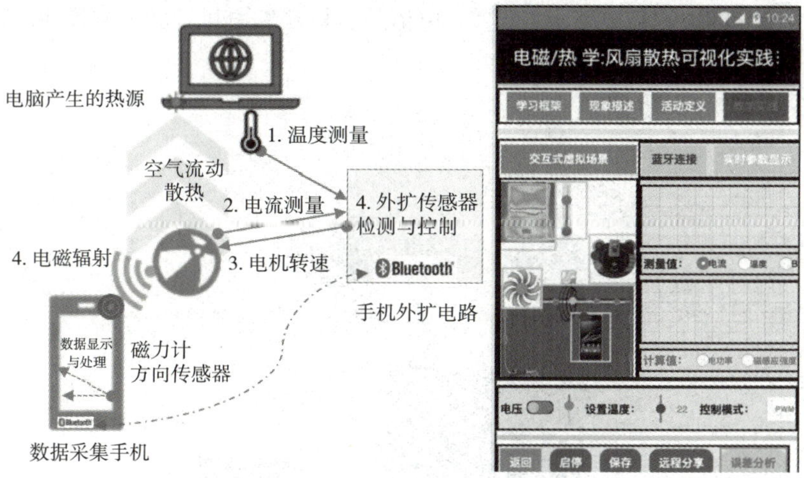

图 7.14　风扇散热可视化的示意图及其手机 App 界面

- 现象描述

通过 App 界面中“背景描述”按钮，切换屏幕进入如图 7.10 所示的电磁 / 热学现象描述界面。其中，以图片和互联网影像为媒介，呈现日常生活中的电磁 / 热学现象，如空调、电饭煲、电热毯等，引入电磁 / 热学的概念和规律，提出认识空调运行背后的科学知识，开展电机测控活动为核心的风扇散热控制可视化任务。

• 活动定义

设置“活动定义”按钮，当按钮被点击时进入如图 7.13 所示的电机测控界面，其中，以温度信号和电热能量流动为主线索，从电能到机械能、再到气体的动能、热量流动及其温度测量，再回到电机供电的控制，明确电磁 / 热学基本概念和规律的仿真模型和实验条件及其影响因素。

• 教学实践

配置“教学实践”按钮，呈现如图 7.14 所示的真实实验环境的交互式虚拟场景及其实时参数显示界面。其中，产生热量的笔记本电脑、检测的手机、驱动空气流动的电风扇以及测量电流和温度与电机控制的外扩测控单元等图片作为“图像精灵”组件的背景图片，构成交互式虚拟场景，并用“球形精灵”组件标记测量的温度、电流和磁场等物理量。另外，通过“开关”“滑动条”“列表选择框”和“标签”等组件实现电源的开关控制及其供电大小调节、温度高低设置以及电机的控制模式选择。同时利用手机的磁力计、ALS、方向和计时器等传感器以及蓝牙外扩设备获得真实环境的物理参数，包括电机工作电流、温度和磁场强度 B 等，并结合温度的测量值与预设值的差值来控制电机工作模式，比如采用调 PWM 调速动态更新虚拟场景模型。此外，以波形方式显示实验数据和理论值并对它们作误差分析，同时具备测量数据的本地文件保存和远程分享等功能。

2）手机外扩电路的硬件设计制作

根据如图 7.14 所示的风扇散热可视化场景，设计制作的手机外扩电路实物图如图 7.15 所示，包括单片机 + 蓝牙的大熊猫电路板、温度 / 电流检测模块和电机及其控制模块。

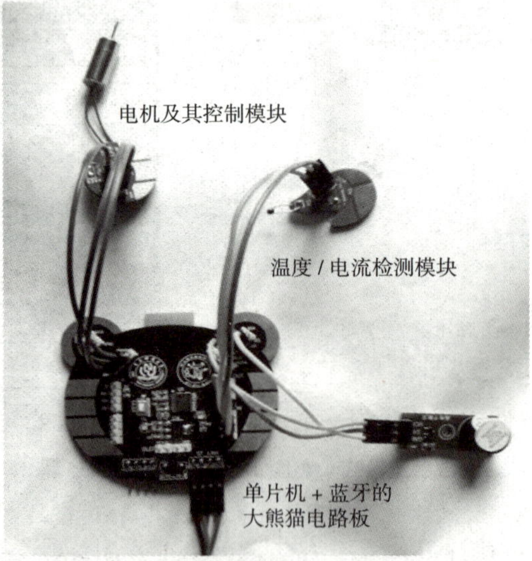

图 7.15　风扇散热场景的手机外扩电路实物图

• 单片机 + 蓝牙的大熊猫电路板

根据第 3.4.1 章节图 3.49 所示的外扩传感器的总体框图，以高性能、低成本单片机和低功耗蓝牙模块为核心，构成外部信号采集和输出控制的手机蓝牙外扩设备，其电路原理图及元件清单见附录 1 和附录 2。结合卡通造型和纸质电子艺术的思路，设计出的低成本、大熊猫卡通造型、纸质电路接口、可编程的开发板，即“大熊猫电路板”如图 7.16 所示。

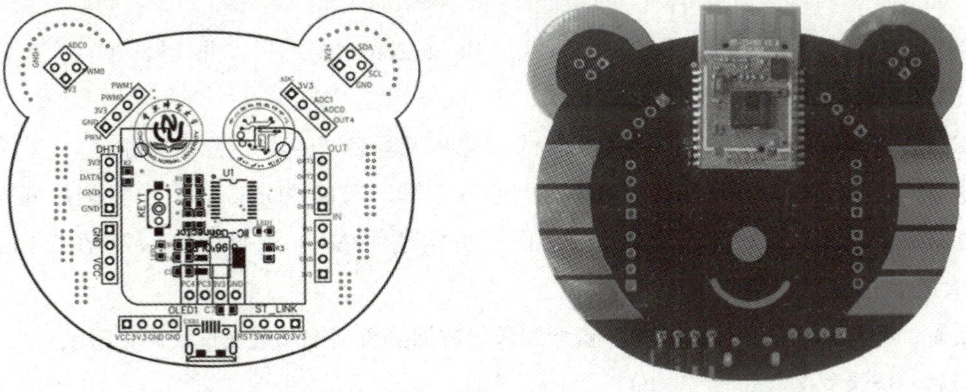

（a）PCB 图　　（b）实物图

图 7.16　大熊猫电路板

• 温度 / 电流检测电路

利用电阻串联分压原理，把热敏电阻 R_7 与电阻 R_6 构成的串联电路连接到供电电压 3.3 V 和地之间，实现温度变化转换为 R_7 分压值的改变，并把该分压值连接到“大熊猫电路板”的模拟输入端口，完成温度的采集，其电路原理图如图 7.17（a）所示。

类似地，根据欧姆定律，利用采样电阻把电机工作电流转换为电压，并输入大熊猫电路板的模拟输入端，获得电流的采集。因此，大熊猫电路板采集的温度和电流经蓝牙通信协议发送至手机端，实现手机的外置传感器数据采集，有效隔离外部电路与手机之间的电气连接，有利于避免外部电路电压异常导致手机损坏的问题。

• 电机启停控制模块

利用半导体三极管（或场效应管）Q_1 的开关工作原理，把大熊猫电路板的输出端如 D0 连接到开关管的控制端，实现控制信号对大电流的直流电机 J2 的启停进行控制，其电路原理图及其 PCB 图如图 7.17（b）所示。相对于传统的继电器机械开关，场效应管半导体开关具有开关速度快、工作频率高和无电磁干扰等优点，更加有利于电机运行的精准控制，比如采用 PWM 调速控制等。

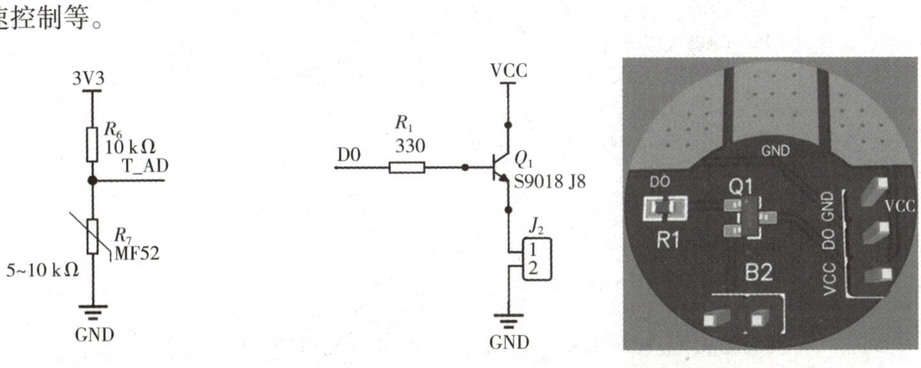

（a）温度检测电路　　（b）电机控制电路及其 PCB 图

图 7.17　温度采集

3）手机外扩电路的软件编程实现

通过 IAR 单片机编程软件，对大熊猫板上的单片机 STM8S003F3P6 进行编程，操作流程如下：

- 首先，打开软件，选择菜单栏“Project → Create New Project”，并选择“C++”工程，点击“OK”。
- 然后，选择工程保存路径“\ 桌面 \test”，输入工程名“test”，点击保存。
- 其次，在 Workspace 下的 test-Debug 上点击右键，选择“Options..”配置芯片型号，在 Device 中选择“STM8S → STM8S003F3”，并定位到 Category 下 Debugger，在 Driver 下选择“ST-LINK”，点击“OK”。
- 接着，编写单片机程序，其中，蓝牙发送与数据接收基本功能测试代码见附录 3。
- 最后，烧录程序。

其中，单片机通过串口或蓝牙通信把采集的电流或温度发送至手机端，反之，单片机收到来自手机的命令时，进入中断服务程序进行电机控制端口的开关操作，涉及的关键函数如下。

- 初始化。包括时钟初始化、输入输出口初始化、模拟数字转换（ADC）初始化、串口通信初始化和定时器初始化，其中，ADC 初始化用于读取外部温度和电流的 A/D 准备，串口通信初始化用于准备与低功耗蓝牙模块 HY-254101 之间的数据通信，定时器初始化为电机的 PWM 控制提供准备，其 C 语言示例代码见表 7.1。

表 7.1 STM8 单片机的初始化及其代码示例

功 能	示例代码

系统时钟初始化	void SysClklnit（）
	{
	CLK_SWR=0xe1;　　　　//HSI 为主时钟源 16MHz CPU 时钟频率
	CLK_CKDIVR=0x00;　　　　//CPU 时钟 0 分频
	}

GPIO 初始化	void GPIO_Init（）
	{
	PC_DDR_DDR7=1;　　　　//PA3 配置为输出
	PC_CR1_C17=1;
	PC_CR2_C27=0;
	/*PD_DDR_DD3=0;　　　　//PD3 配置为输入
	PD_CR1_C13=1;
	PD_CR2_C23=0;　*/
	}

ADC 初始化	void adc_init（void）
	{
	ADC_CR1_ADON = 1;　　　　// 打开 ADC
	ADC_CSR_CH = 3;　　　　//AIN3 脚
	ADC_CR1_SPSEL = 2;　　　　//4 分频时钟
	}

续表

<table>
<tr><th>功　能</th><th>示例代码</th></tr>
<tr><td>串口初始化</td><td>void uart1_init（void）
{
　UART1_CR1=0x00;
　UART1_CR2=0x00;
　UART1_CR3=0x00;
　UART1_BRR2 = 0x00;
　UART1_BRR1 = 0x0D;　　　　//9600 波特率
　UART1_CR2_TEN = 1;　　　　// 允许发送
　UART1_CR2_REN = 1;　　　　// 允许接收
　UART1_CR2_RIEN = 1;　　　　// 接收中断使能
}</td></tr>
<tr><td>定时器初始化</td><td>void timer_Init（void）
{
　//TIM2/3/4/5/6 须使用与芯片对应的头文件
　TIM2_PSCR_PSC = 1;　　　　//2^1 分频为 1M
　TIM2_ARRH = 0x3;
　TIM2_ARRL = 0xE8;　　　　// 每 1 000 μs中断一次
　TIM2_CCMR1_OC1M = 6;　　　　//pwm 模式 2
　TIM2_CCER1_CC1E = 1;　　　　//CC1 引脚使能
　TIM2_CCR1H = 0;
　TIM2_CCR1L = 0;　　　　// 默认输出低
　TIM2_CCMR3_OC3M = 6;　　　　//PWM 模式 2
　TIM2_CCER2_CC3E = 1;　　　　//CC3 引脚使能
　TIM2_CCR3H = 0;
　TIM2_CCR3L = 0;　　　　// 默认输出低
　TIM2_IER = 0x01;　　　　// 允许更新中断
　TIM2_CR1 = 0x01;　　　　// 计数器使能，开始计数
}</td></tr>
</table>

- ADC 值的读取与处理。获取 ADC 值，并计算出对应的温度或电流，例如表 7.2 给出了图 7.17 所示的 ADC 采样以及计算热敏电阻值的 C 语言示例代码。

表 7.2　STM8 单片机的 ADC 采样及其处理示例

<table>
<tr><th>功　能</th><th>示例代码</th></tr>
<tr><td>读取 ADC 值</td><td>unsigned int adc_get（void）
{
　unsigned int dataH，dataL;
　unsigned long value = 0;
　unsigned int voltage = 0;　　　　// 电压单位为 mV
　ADC_CR1_ADON = 1;　　　　// 使能 adc
　while（ADC_CSR_EOC==0）;
　dataH = ADC_DRH;　　　　// 左对齐数据
　dataL = ADC_DRL;　　　　// 读取寄存器数据
　ADC_CSR_EOC = 0;
　value = dataH<<2|dataL;
　voltage =（value*3300）>>10;　　　　// 计算实际电压
　return voltage;
}</td></tr>
</table>

功 能	示例代码

计算热敏电阻值	float compute_res（uint adc_value）
	{
	 float res;
	//10 表示图 7.17 中与热敏电阻串联的电阻大小，单位为 kΩ
	 res =（float）（10 * adc_value）/（float）（3300 – adc_value）;
	 return res;
	}

• 温度的比较与 PWM 控制。把 ADC 计算出的真实环境温度值与预设温度值作比较，根据两者的差值大小来设置 PWM 占空比，其定时器设置代码为 {TIM2_CCR1H = 0x2；TIM2_CCR1L = 0xbc；TIM2_CCR3H = 0；TIM2_CCR3L = 0xc8；}。

• 串口通信或蓝牙数据发送和接收。利用大熊猫板上串口协议的蓝牙模块，调用单片机串口发送命令，把测量的温度或电流值通过蓝牙通信方式发送至手机端，另外，在单片机的串口中断服务程序中接收来自手机的命令或数据，其单片机 C 语言示例代码见表 7.3。

表 7.3　STM8 单片机的串口或蓝牙数据发送与接收示例代码

功 能	示例代码
主程序中发送数据	uart1_send（'T'）;　　　　// 发送数据或命令如‘T’

串口或蓝牙数据发送	void uart1_send（uchar dat）
	{
	  while（（UART1_SR & 0x80）==0x00）;
	  UART1_DR = dat;
	}

中断服务程序中串口或蓝牙的数据接收及其处理	#pragma vector = UART1_R_RXNE_vector
	__interrupt void uart1rxd（void）
	{
	  UART1_SR_RXNE = 0;
	  re_data = UART1_DR;
	
	  if（re_data == 'c'）　　　　// 当接收来自手机的命令或字符‘c’时;
	  {
	   PC_ODR_ODR7= 1;　　　　// 单片机输出端口输出高电平;
	   delay（10000）;
	  }
	}

4）手机 App 的软件编程

• 数据命令的蓝牙发送与接收

参考第 3.4.2 章节所述的手机与蓝牙 + 单片机系统的手机 App 编程方法，可以实现手机

App 与大熊猫板之间的数据和命令交互。但是，大熊猫电路板上集成的是低功耗蓝牙模块，因此，这里的手机 App 蓝牙通信组件，不能采用之前介绍的“组件面板的通信连接中“蓝牙客户端”组件，而应该采用“BluetoothLE”，即低功耗蓝牙组件实现蓝牙设备扫描并连接大熊猫电路板，具体编程的方法和步骤如下所述。

步骤 1：低功耗蓝牙组件的配置。从界面设计面板的“通信连接”中，拖曳低功耗蓝牙，即“BluetoothLE”组件到工作面板，显示为不可见控件，另外，拖曳一个“列表显示框”，显示蓝牙设备的清单，其默认的组件属性“是否显示”不选中。若使用 App Inventor 开发环境不包含该组件，可以通过组件面板中的“扩展”导入所需蓝牙组件。

步骤 2：蓝牙通用唯一识别码（UUID）定义。在逻辑设计界面中，定义 3 个全局变量，把 HY-254101 低功耗蓝牙模块数据手册中的服务 UUID：00001000-0000-1000-8000-00805f9b34fb，发送数据 UUID：00001001-0000-1000-8000-00805f9b34fb 和接收数据 UUID：00001002-0000-1000-8000-00805f9b34fb，保存到全局变量中，如图 7.18 所示。

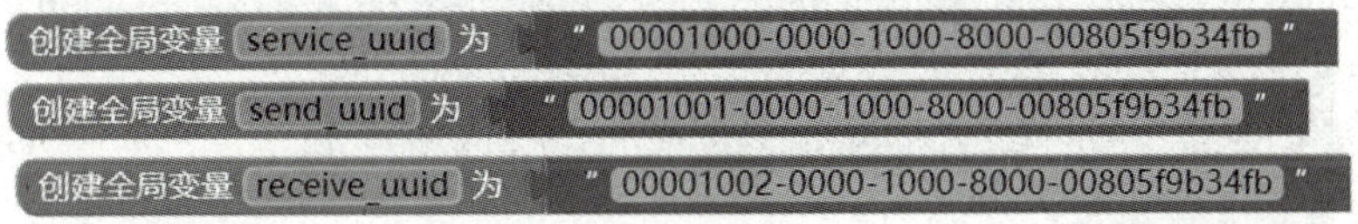

图 7.18　低功耗蓝牙模块的服务、发送和接收 UUID 的全局变量定义

步骤 3：蓝牙设备扫描。调用蓝牙组件的“开始扫描”函数，当发现蓝牙设备时，在“找到设备”函数中设置步骤 1 中的“列表显示框”组件属性为显示状态，同时，把获取的可用设备列表显示在“列表显示框”，其代码如图 7.19 所示。

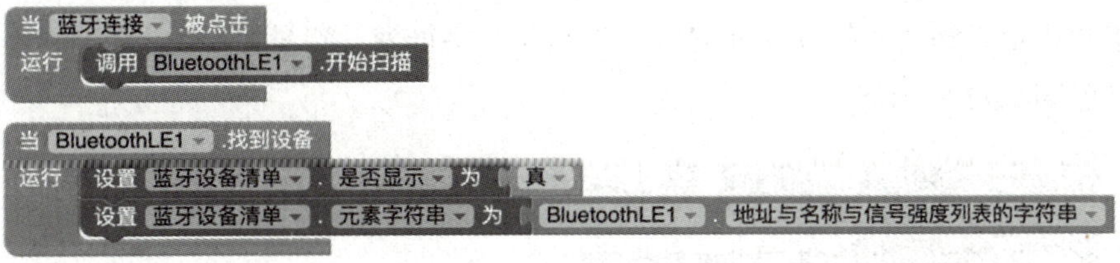

图 7.19　蓝牙设备扫描与显示

步骤 4：蓝牙连接与断开。当用户完成从“列表显示框”中选择好蓝牙设备后，程序进入蓝牙设备清单“列表显示框”的“选择完成”函数。在选择完成函数中，首先调用“停止扫描”；然后调用蓝牙的“连接”函数，其输入变量“序号”来自“列表显示框”的选择值，即“选中项索引”；接着把“列表显示框”设置为不可见；最后，根据是否连接成功判断，用蓝牙连接“按钮”的文本进行连接状态指示。当不再使用蓝牙设备时，如长按“蓝牙连接”按钮，调用“蓝牙断开”命令，释放占用的资源，达到节约手机内存的目的，其代码如图 7.20 所示。

步骤 5：手机发送数据。手机与外扩蓝牙设备连接成功后，由手机蓝牙的“输出字符串数据”函数发送数据或命令到外扩设备，其输入“数据”为控制大熊猫板的单片机控制命令如“c”见表 7.3，也就是，对应到单片机串口中断处理中判断并执行电机开启的命令，代码示例如图 7.21。

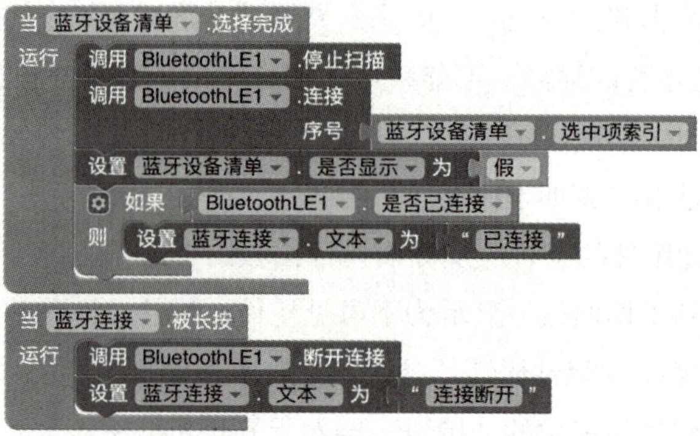

图 7.20　蓝牙设备的连接与断开代码

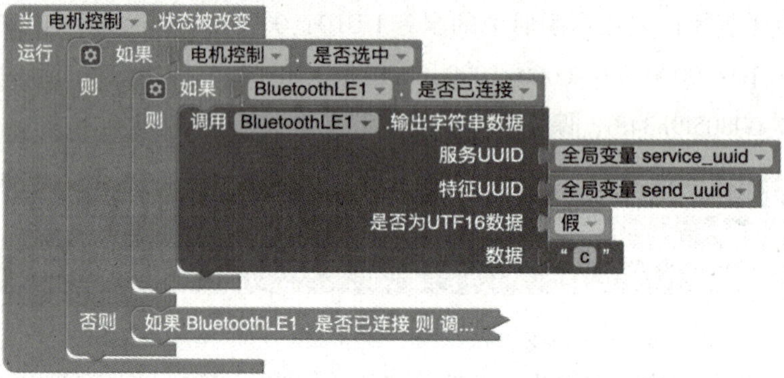

图 7.21　通过蓝牙通信方式手机发送数据“c”到外扩蓝牙设备

步骤 6：手机接收数据。当手机 App 界面的实时参数显示按钮“参数获取”被点击时，调用蓝牙的“监听接收数据串数据”函数，同时在其接收到数据的蓝牙函数“收到字符串数据”中，解析单片机定义和发送的温度和电流，如前 4 个字符表示测量的温度，后 4 个字符表示测量的电流，如图 7.22 所示。

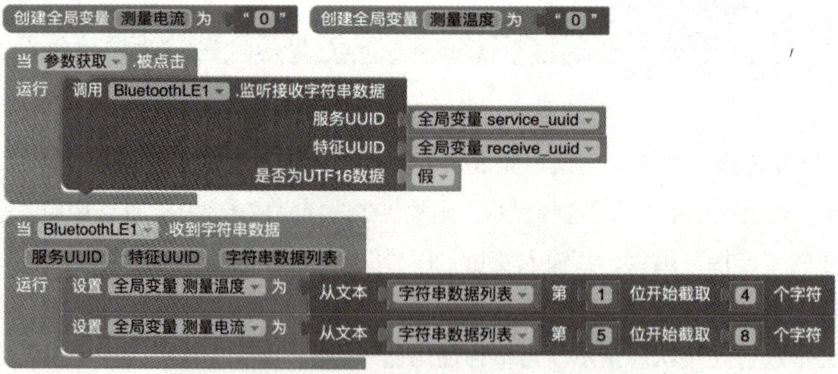

图 7.22　手机接收来自外扩蓝牙设备的温度和电流数据

• 虚拟场景模型的动态交互

步骤 1：测量值的波形显示。利用外扩蓝牙设备和手机内置传感器，测量真实实验环境中的电流、温度和磁场 B 等物理量，结合计时器更新全局变量“时间”，并在“测量画布”中调用画点或画线，实现选择测物理量的波形显示，如图 7.23 所示。

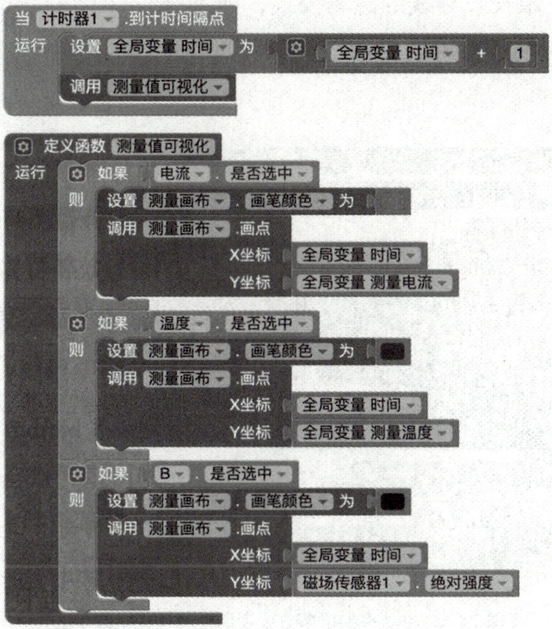

图 7.23　以画点方式显示电流、温度和磁场的波形

步骤 2：虚拟场景的测量值更新。首先，用电脑和温度计的示意图作为“图形精灵”背景图片，结合一个球形精灵“温度指示”来表示电脑温度高低，并由外扩蓝牙设备的检测温度值动态更新温度指示，例如检测温度值越高，球形精灵 *Y* 坐标值越大；然后，设置“电风扇”图像精灵为自动旋转模式，并由测量的电流大小来控制旋转速度，另外，也可设置一组红色箭头作为动画图片，当测量电流增大时，手机 App 界面的红色箭头数量增加并变快，模拟导线中电流大小的变化；其次，把手机内置磁力计获得的磁场强度值映射到球形精灵“磁场图”上，其半径大小由磁场决定，并且颜色属性由测量电流的大小控制；最后，结合手机内置的方位和距离传感器，改变“检测手机”图像精灵的尺寸大小及其方向，如图 7.24 所示。

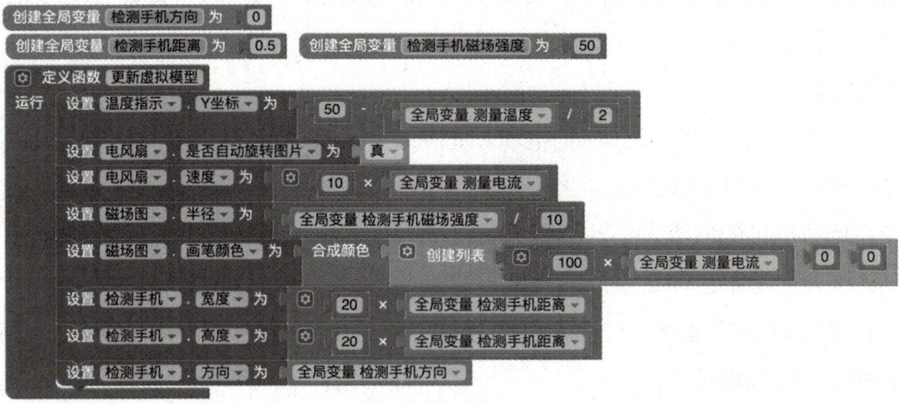

图 7.24　虚拟场景模型的参数更新

步骤 3：测量值计算与显示。根据供电的电压和电流，计算出系统消耗的电功率，并结合测量电流为 I 的理想的无限长直导线的磁场公式，即 $B=4\pi\times10^{-7}\times I/(2\pi r)$，计算出理论的磁场强度，此外，结合界面的单选框选择情况，显示对应计算的电功率或磁感应强度的波形，示例代码如图 7.25 所示。

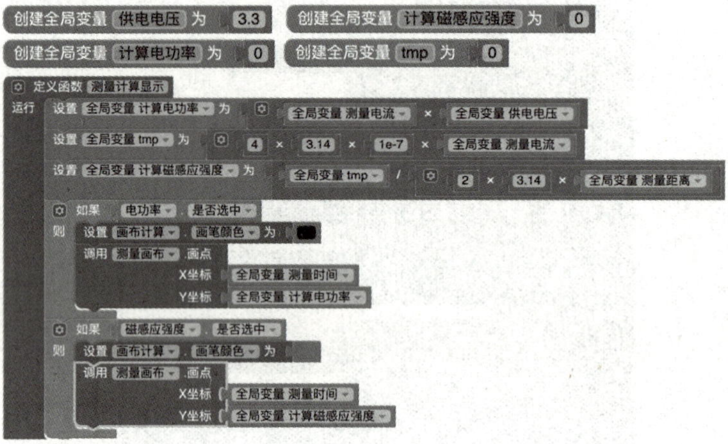

图 7.25　电功率和磁感应强度的计算及其画面显示

• 数据的保存与分享

当“保存”按钮被点击时，把存放在全局变量的测量值及计算量，包括手机内置的定时器、磁力计和方向等传感器获取的数据以及手机外扩设备获取的电流和温度等测量数据保存在 CSV 文件中，具体参见 3.3.2 章节，另外，由“远程分享”按钮启动蓝牙与网络存储功能，具体编程参见 3.3.3 章节。

5）实验条件、步骤和内容

• 实验材料与设备

自主手机 App 软件，1 个 Android 手机，1 个单片机 + 蓝牙的“大熊猫电路板”，温度和电流采样模块，1 个直流电机或电风扇及其控制模块和热源（如电脑），硬件实物图及其连接关系如图 7.15 所示。

• 步骤与内容

步骤 1：改变电机的启停及其供电电压，记录电机的工作电流 - 时间的波形，并给出对应固定点处磁场强度 - 时间的波形。

步骤 2：调节电机的电流大小，测量电机供电导线的磁场空间分布。

步骤 3：测量热源附近固定点处的温度，记录温度 - 时间的波形。

步骤 4：设定温度的阈值，实现风扇的自动启停，记录启停过程中的温度 - 时间、电流 - 时间和磁场强度 - 时间的波形。

6）实验结果及误差分析

利用手机 App 保存到 CSV 文件的实验数据，开展温度、电流和磁场的测量值、专用设备获取的测量值以及理论计算数据的对比分析，通过多次测量数据和软件校正，减小测量误差。

7）教学效果与反思

享受科技，认识身边的用电设施，探索真实生活中的电磁 / 热学现象，鼓励学生探索不同领域的不同物理量之间的关联，如图 7.26 所示，全面认识物理现象，例如，传统的电变光：灯泡、电变机械转动：风扇，以及电变磁：霍尔效应等转化为内置传感器方式获得电流采样。同时，引导学生协同实践，尝试对实验结果进行理论解释，关注误差及其来源，考察不同测量方式对电流的测量精度和可靠性的影响。

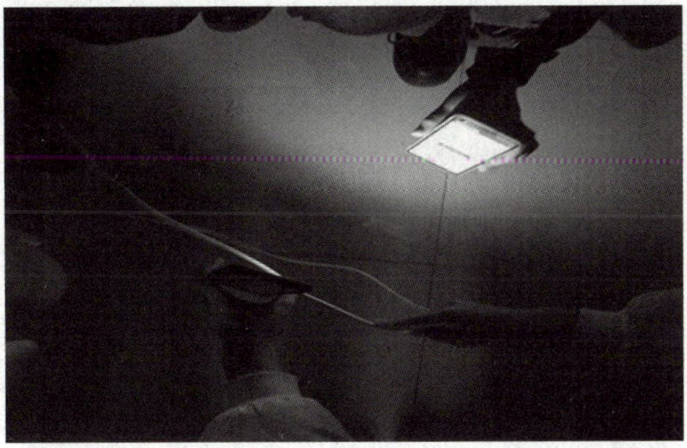

图 7.26　学生用手机 App 探索电流 - 磁场 - 距离的实验场景

7.4　学习与思考

任务 1：用百度等搜索引擎，查找电磁 / 热学领域的重要历史名人资料，总结出至少 3 个物理学家的成长日记、成就与贡献、社会认可和应用，以 PPT 的形式进行宣讲。

要求 1：

- 成长日记：学习、工作、个人爱好以及生活时代背景等信息，给出时间、图片及其必要解释。
- 成就与贡献：重要理论和实验装置的图、公式和文字解释。
- 社会认可：重要获奖等。
- 研究成果应用：各应用领域的图、名称及其必要解释。

任务 2：观察并选择身边的电磁 / 热学物理现象，设计并实施涵盖基本概念和规律的手机 App 教学，给出 App 源代码、安装包 APK 以及项目汇报 PPT，其中，PPT 包括教具制作的图片和 App 教学实施及反思等内容。

要求 2：

- 物理现象的描述：反映现象的照片或视频，给出涉及的基本概念和规律，并作必要的解释。
- 实验内容及其 App 定义：明确观测变量及其影响因素，提出具体实验内容以及 App 功能结构。
- App 编程实现及教学应用：给出选定场景的手机 App 开发过程包括界面设计和逻辑设计，教学实施步骤及结果，给出理论和实验的误差分析。

任务 3：运用手机 App 开展物理实验。

要求 3：

分享自己开发的个性化 App 程序，给出相关使用手册、实验手册和示范短视频，尝试进行公益活动的应用和推广。

附　录

附录 1　大熊猫电路板的原理图

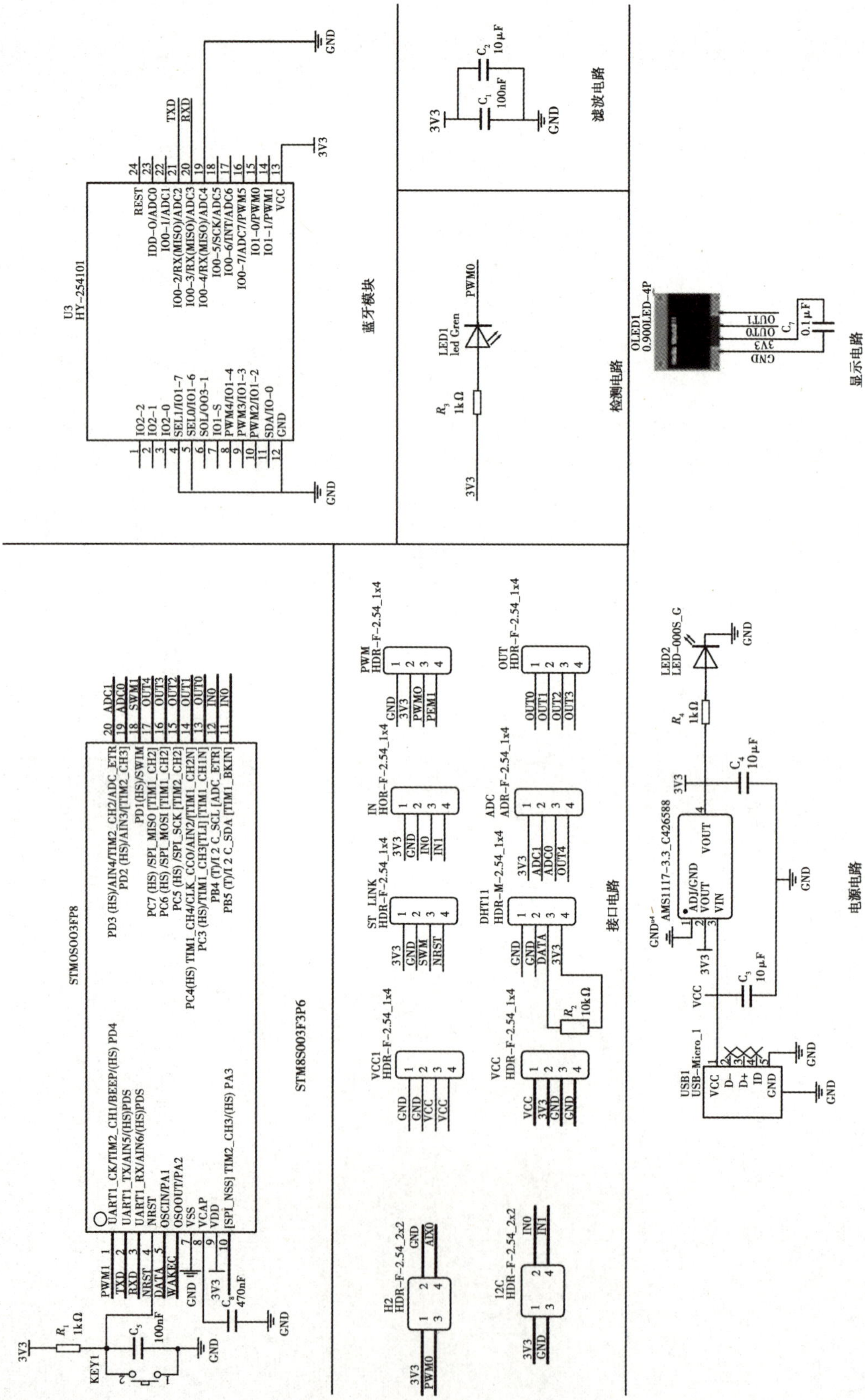

附录 2 大熊猫电路板的元器件清单

编号	元器件名称	元器件编号	封 装	数量
1	按键	KEY1	KEY-SMD_2P-L6.2-W3.6-LS8.0	1
2	0.1 μF 电容	C7	C0603	1
3	10 μF 电容	C4，C3	C0603	2
4	100 nF 电容	C5，C1	C0603	2
5	470 nF 电容	C6	C0603	1
6	10 μF 电容	C2	C0603	1
7	USB-Micro	USB1	MICRO-USB-SMD_5P-P0.65-H-F_C10418	1
8	蓝牙模块	U3	WIRELM-SMD_HY-254101	1
9	发光二极管	LED1	LED0603-RD	1
10	双排插针	I2C，H2	HDR-F-2.54_2X2	2
11	发光二极管	LED2	LED0603_GREEN	1
12	1 kΩ	R4，R3，R1	R0603	3
13	10 kΩ	R2	R0603	1
14	AMS1117-3.3 C426566	U4	SOT-223_L6.5-W3.5-P2.30-LS7.0-BR	1
15	单排插针	VCC，ST_LINK，IN，OUT，VCC1，ADC，PWM	HDR-F-2.54_1X4	7
16	液晶屏	OLED1	0.960LED_4P	1
17	温湿度传感器	DHT11	HDR-M-2.54_1X4	1
18	STM8S003F3P6	U1	TSSOP-20_L6.5-W4.4-P0.65-LS6.4-BL	1

附录 3　大熊猫电路板的单片机 C 语言测试程序

```
//==========================================================
// 名称：熊猫电路板最小系统程序
// 功能：通过蓝牙模块收发一个字符
// 作者：重庆师范大学中小学科技教研中心
//==========================================================
#include"iOStm8s103f3.h"
//==========================================================
// 宏定义及全局变量定义
//==========================================================
#define     uint      unsigned   int
#define     uchar     unsigned   char
#define     ulong     unsigned   long
#define OUT0   PB_ODR_ODR5
#define IN0    PD_IDR_IDR3
uint  uiad;
char rxdd [ 2 ] ;
char data;
//==========================================================
// 延时函数
//==========================================================
void delay_ms ( uint ms )
{
  uint i, j;
  for ( i=0; i<ms; i++ )
    for ( j=0; j<3164; j++ ) ;
}
//==========================================================
// 串口初始化
//==========================================================
void  uart1_init ( )
```

```
{
   UART1_CR1=0x00;
   UART1_CR2=0x00;
   UART1_CR3=0x00;
   UART1_BRR2 = 0x01;
   UART1_BRR1 = 0x01;                    // 11520 波特率
   UART1_CR2_TEN = 1;                    // 允许发送
   UART1_CR2_REN = 1;                    // 允许接收
   UART1_CR2_RIEN = 1;                   // 接收中断使能
}
//==========================================================
// 单片机通过蓝牙向外发送一个字符
//==========================================================
void  uart1_send（uchar dat）
{
   //SR=0 时，表示信息正在发送；SR=1 时，发送成功
   while（（UART1_SR & 0x80）==0x00）；
      UART1_DR = dat;
}
//==========================================================
// 单片机 I/O 口初始化
//==========================================================
void IOinit（）
{
   //PD3 配置为输入
   PD_DDR_DDR3=0;
   PD_CR1_C13=1;
   PD_CR2_C23=0;
   //PA3 配置为输出
   PA_DDR_DDR3=1;
   PA_CR1_C13=1;
   PA_CR2_C23=0;
}
//==========================================================
```

```
// 主函数
//=========================================================
void main ( )
{
   asm ( "sim" ) ;                 // 关总中断
   IOinit ( ) ;                    //IO 口初始化
   uart1_init ( ) ;                // 串口初始化
   asm ( "rim" ) ;                 // 开总中断
   while ( 1 )
{
   if ( IN0==0 )
   {
      OUT0=0;
      uart1_send ( 'a' ) ;         // 单片机向蓝牙发送字符 'a'
      delay_ms ( 500 ) ;
   }
   else
   {
      OUT0=1;
      delay_ms ( 100 ) ;
    }
   }
}
//=========================================================
// 串口中断函数
//=========================================================
#pragma   vector = UART1_R_RXNE_vector
__interrupt void uart1rxd ( void )
{
   UART1_SR_RXNE = 0;
   data = UART1_DR;

   if ( data=='s' )
```

```
  {
   OUT0= 1;
    delay_ms（100）;
  }
}
//============================================================
// end
//============================================================
```

参考文献

［1］BALLESTA S V, SAEZ R, IGLESIAS J, et al. Arduino–smartphone device as a physical phenomena measurer［J］. The Physics Teacher, 2020, 58（9）: 663–665.

［2］WICKS L C, CAIRNS G S, MELNYK J, et al. EnLightenment: High resolution smartphone microscopy as an educational and public engagement platform［J］. Wellcome Open Research, 2017,（2）: 107.

［3］PUSPITA N M, SUYATNA A, ROSIDIN U. Optimizing the use of smartphones for M–learning as a supplement for magnetic learning with a scientific approach［J］. Journal of Physics: Conference Series, 2020,（1572）: 012048.

［4］IGOE D P, PARISI A V, CARTER B. Smartphones as tools for delivering Sun–smart education to students［J］. Teaching Science, 2013, 59（1）: 36–38.

［5］ALÉ J A S. Smartphone in school physics: a case study for the experimental obtaining of the acceleration of gravity in the analysis of a spring through a didactic approach［C］// Proceedings of the International Congress on Educational and Technology in Sciences, Arequipa, 2019: 10-12.

［6］DE OLIVEIRA J P, PSZYBYLSKI R F, MOTTA M S, et al. An outlook at the educational mobile apps to the physics subjects available in the android operating system［J］. Acta Scientiae, 2019, 21（3）: 91–111.

［7］KATERIS A, LAZOS P, TSOUKOS S, et al. Possible technical problems encountered by the teacher in the incorporation of mobile phone sensors in the physics lab［EB/OL］. European Journal of Physics Education. 2020, 11（2）:5–23.

［8］MARTÍN–RAMOS P, SILVA M R, DA S P S P. Smartphones in the teaching of Physics Laws: Projectile motion［J］. RIED. Revista Iberoamericana de Educación a Distancia, 2017, 20（2）: 213–231.

［9］HAWLEY S H, MCCLAIN R E Jr. Visualizing sound directivity via smartphone sensors［J］. The Physics Teacher, 2018, 56（2）: 72–74.

[10] KLEIN P, HIRTH M, GRÖBER S, et al. Classical experiments revisited: smartphones and tablet PCs as experimental tools in acoustics and optics [J] . Physics Education, 2014, 49 (4) : 412–418.

[11] THOMS L J, COLICCHIA G, WATZKA B, et al. Electrocardiography with a smartphone [J] . The Physics Teacher, 2019, 57 (9) : 586–589.

[12] STAACKS S, HÜTZ S, HEINKE H, et al. Advanced tools for smartphone–based experiments: phyphox [J] . Physics Education, 2018, 53 (4) : 045009.

[13] HELLESUND S. Measuring earth's magnetic field using a smartphone magnetometer [EB/OL] . 2018.

[14] COUNTRYMAN C L. The educational impact of smartphone implementation in introductory mechanics laboratories [C] //2015 Physics Education Research Conference Proceedings. July 29–30, 2015. College Park, MD. American Association of Physics Teachers, 2015.

[15] FORINASH K, WISMAN R. Smartphones as data collection tools for science education [C] //Education. International Congress on Education, Distance Education and Educational Technology– ICDET, 2016.

[16] MONTEIRO M, STARI C, CABEZA C, et al. Physics experiments using simultaneously more than one smartphone sensors [J] . Journal of Physics: Conference Series, 2019 (1287) : 012058.

[17] 视觉设计研究所 . 七日掌握设计配色基础 [M] . 北京：中国青年出版，2004.

[18] SAKAGAMI K, SATOH F, OMOTO A. Revisiting acoustics education using mobile devices to learn urban acoustic environments: recent issues on current devices and applications [J] . Urban Science, 2019, 3 (3) : 73.

[19] GIROT A, GOY N A, VILQUIN A, et al. Studying ray optics with a smartphone [J] . The Physics Teacher, 2020, 58 (2) : 133–135.

[20] FORINASH K, WISMAN R F. Smartphones—experiments with an external thermistor circuit [J] . The Physics Teacher, 2012, 50 (9) : 566–567.

[21] 龙兴明 . 单片机图形化编程及其应用 [M] . 重庆：重庆大学出版社，2020.